时间塔
Tower of Time

[日] 宇治智子 著 / 叶宁 宋天涛 译

重生的设计

可持续的品牌战略

U0309956

华中科技大学出版社
http://www.hustp.com
中国·武汉

图书在版编目（CIP）数据

重生的设计：可持续的品牌战略/（日）宇治智子著；叶宁，宋天涛译.—武汉：华中科技大学
出版社，2018.1
（时间塔）
ISBN 978-7-5680-3513-2

Ⅰ.①重… Ⅱ.①宇…②叶…③宋… Ⅲ.①建筑设计－研究－日本－现代 Ⅳ.①TU2

中国版本图书馆CIP数据核字（2018）第004214号

生まれ変わるデザイン、持続と継続のためのブランド戦略–老舗のデザイン・リニューアル事例から学ぶ、
ビジネスのためのブランド・デザインマネジメント
©2016 Tomoko Uji All rights reserved.
Originally published in Japan in 2016 by BNN, Inc.
Simplified Chinese translation rights arranged through BNN, Inc.
Author: Tomoko Uji
Design of Japanese Edition: Happy and Happy
Editor: Chiyo Matsuyama
本书简体中文版由日本株式会社BNN新社授权华中科技大学出版社在中华人民共和国境内（但不含
香港、澳门、台湾地区）独家出版、发行。
湖北省版权局著作权合同登记 图字：17-2017-102号

重生的设计：可持续的品牌战略 　　　　　　　　　　　　　　　　　　 ［日］宇治智子 著
Chongsheng de Sheji: Kechixu de Pinpai Zhanlüe 　　　　　　　　　　　　叶宁 宋天涛 译

出版发行：华中科技大学出版社（中国·武汉）　　　　　　电话：(027)81321913
　　　　　武汉市东湖新技术开发区华工科技园　　　　　　邮编：430223

责任编辑：贺　晴　　　　　　　　　　　　　　　　　　美术编辑：赵　娜
责任校对：王丽丽　　　　　　　　　　　　　　　　　　责任监印：朱　玢

印　　刷：湖北新华印务有限公司
开　　本：710 mm×1000 mm 1/16
印　　张：10.25
字　　数：149千字
版　　次：2018年1月 第1版 第1次印刷
定　　价：68.00 元

前　言

"为什么要制作布丁呢？"

或许是受到地方创生政策的影响，近几年，北至北海道的北见市，南至九州的鹿儿岛市，来自地方的设计营销演讲邀请及与地域品牌相关的设计咨询等逐年增加。地域品牌资产的有效运用、新产业的创造，以及相应的雇用对策、新产品的开发支援等，都迫切需要"设计的力量"。

福岛县会津郡下乡町的日式点心老店手工制作了一款新产品，即"利用当地特产制作的高级布丁"，我们收到的委托，便是为它的包装设计提供开发援助。即便是一个小的设计委托，小到能用快递轻松寄送，我们也必定赶赴当地，考察周边环境、供货厂商，在确认现有顾客群及销路之后，再进行创作设计（设计界也称之为设计研究或创造性研究）。

大内宿是深受游客青睐的观光景点之一，现在仍有许多稻草屋顶的民居。沿着会津街道而建的笹屋皆川点心店就在大内宿的附近。我们初次到访是在 2013 年的夏末。

"主力商品包子该怎么办呢？可以不对老店原有的品牌产品采取重生措施吗？"

这是我在这个包子老店案例中产生的一个小疑问。不过，我以这个小疑问为契机，开始进行"把新产品开发向品牌重塑的方向扩展，并解决问题"的尝试，结果它与后面接踵而来的老店及地域品牌重塑、商业整合方面的设计更新框架联系了起来。这时我发现了一种模式。

它对此前我作为设计师在长年活动中产生的最大的困惑做出了解答。例如，在大企业新产品的商标制作，以及与广告宣传等相关的活动中，"为什么不对主品牌（主轴）采取补救措施，而仅重视细枝末节的市场营销却又在瞬间弃之不顾呢？"对此我找到了一个明确的答案。

这是一项小至个人商店，大至大规模的组织都可以使用的设计战略。以笹屋皆川点心店为例，它就利用扩展性设计系统把各个产品联系了起来，不仅开发了具有老店特有历史感和格调的布丁，同时还提升了持续迎接新挑战的日式现代风味包子店的"品牌价值"，最终完成了一箭双雕的设计更新。

本书将重点介绍可以创造高于成本价值的"设计的用法（价值创新）"，在文末还提出了扩展性设计指导方针（精简版），最后介绍了从限时优惠活动的标志设计的战略方案中选取的"观光协会的网站更新""地域品牌"等最新实例。

当然，除了故事，还利用逻辑及框架结构进行了说明。因此，非设计人士及不太涉及品牌设计的设计人士都可以轻松阅读此书，从而掌握"设计战略规划"的技巧。相信你可以从本书中获得一些启示，通过设计使自己及顾客迈向成功。

我就穿插着开发趣事，先从包子店发生的实事讲起吧！

宇治智子

译　序

一直以来，我们就对设计充满了浓厚的兴趣。很荣幸能担任这本书的译者。在翻译的过程中，针对专业术语和专业知识，也咨询了相关人士，他们提供了很多帮助与指导，在此一并表示感谢！首先要感谢多田敏宏、沙欢、吕慧君等各位老师，他们让我们更准确地理解了原著，更准确地传达了作者的思想和理念。其次，还要感谢郭洪妹、吴彩香，她们提供了许多实用性的建议。最后要感谢宋天欣，她为本书的翻译提供了许多专业建议。译文的不足之处，还请各位专家和读者批评指正。

叶宁、宋天涛

目 录

第 1 章　重新定义标志，世界将焕然一新！

1 老店的设计更新

包子店制作布丁，有何不可？

"包子店就该一直卖包子吗？"

这次我们的任务是为包子老店笹屋皆川点心店制作的布丁进行包装设计。闷闷不乐的心情一直无法得到排解。

写着"仓村包子"的藏青色幡旗在会津街道上随风摇曳。想必每个日本人都吃过仓村包子吧。虽然它被归为所谓的薄皮包子一类，但我常听说，这软绵绵、热腾腾的朴实美味无人不爱，就连平常不爱吃包子的孩子也会捧着大快朵颐，眨眼儿便能吃完。其人气秘密就在于经久不变的传统手工制法上。这家老店也曾一度以大量生产型的店铺为目标，但如今已全部重新回归手工制作，由母女二人来打理。我们的设计项目组初次拜访这家包子老店"笹屋皆川点心店"，是在 2013 年的夏末。

多数企业会把资金投到"新产品开发""产品广告"等方面，一般不会投在"品牌维护"上。这是由于他们认为广告与销售额是直接挂钩的，而品牌的设计则与销售额无关。热衷于季节促销、新产品的发售，对品牌标志的设计置之不理的案例也不在少数。

另一方面，多家位居世界前列的企业，比起营销策略，更加重视品牌战略。他们有效利用设计师，而非销售人员。他们卖的不是实物，而是体验。因为他们懂得，一体化的高品质宣传、优秀的设计会吸引优质客户。

该项目以"包子店的布丁"的包装设计开发为开端，因此我们决定先从解决这个容易被多数企业混淆的问题开始设计。

这家老店的设计更新以标志为设计系统的核心，使得它将成为可扩大规模的"老店品牌重塑"的典型案例。因为在经历了提升设计档次、重新定义老店价值所需的全部过程之后，店主自身也能看到直观的效果。

把设计浓缩为高品质，对易耗材料等进行可持续利用，这是价值创新（请参照15 页）的实践，也可以说是开发战略性的再生设计典范（本书称之为"可扩展的识别设计系统"）的契机。

本书将穿插着逸事介绍几个设计战略，对以品牌标志设计为中心而展开的"可扩展的识别设计系统"（请参照33 页）进行详细说明。这是因为现在一直呼吁全球化、集客营销，而我们通过采用该设计系统便能实现品牌强化和可持续的设计战略。

企业与企业的整合会日益增多。品牌和品牌之间、老店和老店之间、制造商和制造商之间也需要整合。为了实现品牌重塑，树立企业形象和视觉形象（请参照33 页），在现有的所谓设计战略中，初期投资耗费过多。在初期行动的准备过程中，股份制企业接下来也许会被合并，或者收购附属企业。可扩展的设计系统在这种案例中会发挥重要作用。

"可扩展的识别设计系统"如名称所示，是指把品牌的标志（本书称之为识别设计）作为主视觉或品牌图形进行展开。

引入可扩展的识别设计系统的顺序如下。

1. 品牌组合战略的整理（确认主要的品牌，整理过度增加的多余子品牌）。

2. 具备可扩展性（有成长可能），引入动态的识别设计系统。

3. 以标志、图形为中心的价值创新型宣传方式（不使用有合同期限的演员、模特，不使用范围有限的主视觉）的实践。

也就是说，利用自己公司的资产持续创造并发挥经过设计锤炼的品牌价值，也会减少飙升的宣传成本。这等于掌握了"新战略形式（方案）"，甚至可以和已经有认知度的人气品牌一较高低。

为了生存，老店应做出什么改变？

"为了守护仓村包子，我认为可以在开发商品的同时统一并更新视觉形象。"

"为了守护仓村包子，我们一起努力。"

年事已高的店主仍日日待在厨房，沿用传统的手工揉制方法。她在听到这番话的瞬间，脸一下子有了光泽。从她的身上感受不到岁月的痕迹，她开心起来就像20岁的少女一样。她就像站在最前线的现场负责人、制造负责人，即使把她看作品牌经理也毫不夸张。

"仓村包子"（图1）在当地无人不知，无人不晓。

笹屋皆川点心店因"元祖仓村包子"而声名远扬，它沿着繁华的会津街道而建，紧邻大内宿、塔之弟等世界闻名的风景胜地。在这里，洋溢着传统风情的特产店鳞次栉比。

从东北新干线的新白河站下车，经过约一小时的车程便能到达目的地。初次访问，正值猿乐高地荞麦田里的白色花朵竞相开放，环视一周，视野里的花浪此起彼伏。穿过隧道，翠绿的阔叶树便展现在眼前，据说红叶时期景色也十分宜人。这样的会津下乡地区的品牌资产虽高，但东京人对它的认知度却不高。

这次的任务是"为包子店制作的布丁提供包装设计"。在访问的时候，由于品牌组合（即品牌的战略性）过于分散，我们不太了解前因后果。

不过在听了新开发并广受好评的"白苏曲奇"的故事后，随着交谈的深入，我发现了让以往销售"包子"的点心制造业开发"布丁"的重要性。为了能够继续制作包子，那些店也需要开发曲奇或布丁。

图 1：元祖仓村包子

并不是"除了包子，还有曲奇或布丁"，也不是"从卖包子转为卖曲奇或布丁"。这是在保有逐渐缩小的市场的同时，抓住重新好转的机遇、增加新顾客的营销战略，要使其不零乱分散，就要用到设计。这里不是做漂亮的表面功夫，而是以品牌将它们连接起来。重新定义的话就是扩展。这就是品牌设计管理的本质。

也就是说，为了保留包子店的金字招牌，必须使设计焕然一新。

老店之所以是老店，其一便是"不变"。拥有可传承守护的东西才堪称老店。不过，如果顾客减少和市场逐渐凋零，又该怎么办呢？什么都不做的话，也会倒闭。为了避免上述情况的发生，只有改变。

但是如果为了生存而完全改变，甚至连本色都失去的话，又会怎么样呢？或许作为另一种事物生存便能畅销，但这绝不算保留了品牌。

如此看来，为了守护重要的东西，只改变一部分才是正确的选择。我知道一些老店把"不易流行"作为企业理念并获得了成功。他们谦虚、稳健，以亲属、客户为重，从不改变传统制法和目标。不过，此处的关键是即便粉身碎骨也要大胆挑战。

一般来说，兼备变与不变的挑战，难度相当高，但一旦加入设计战略的观点，挑战选项便会惊人地增多，进入市场的障碍也会锐减。这里有以下两个要点。

1. 明确清晰的战略。

2. 专家持有不同于经营者的观点和技术，在了解潮流趋势、地理优势的基础上进行本土化和个性化设计。

设计会成为增加销售渠道的扩大战略，会成为改变销售对象的概念战略，但不会改变老店长久传承的重要事物。如果使用操纵印象的手法，那么即使改变也完全可以诉求"本色"。

问题在于，改变了外表后品牌形象就会变得分散零乱。如果保留老店的形象（外观），有的顾客便会从那传统的氛围中获得安心感。例如，这次包子店挑战制作布丁，如果没有明确指明布丁和包子出于同一家店，那么布丁也不会有助于包子销售额的提高。

1. 非包子目标受众会吃曲奇、布丁。

↓

2. 因为非常好吃而喜欢（布丁、曲奇）。

↓

3. 再次购买布丁、曲奇。

这是没有意义的。

1. 非包子目标受众会吃曲奇、布丁。

↓

2. 因为非常好吃而喜欢（这个品牌）。

↓

3. 成为笹屋皆川点心店的粉丝，会购买经典产品仓村包子或传统日式点心。

这才是正确的剧本。

"是呢！"

"不错呀！"

这一天，对笹屋皆川点心店设计更新的思考有了很大进展。总体来说，就是"令人感受到日式风情和现代品味的设计"，虽然不足 20 个字，但如果变成实体设计，会有几十种、几百种方案，不，想做的话，甚至能有成千上万种方案。

我们团队在上次访问中有幸游览了笹屋皆川点心店所在的会津下乡地区。我们也参考了同行的博主们从各种视角书写的记事。提到会津，多数人脑海里浮现出的风景是什么模样呢？而且把它想成福岛，也意义非凡。

　　我们亲眼所见的"会津下乡销售元祖仓村包子的笹屋皆川点心店"与之前所想象的完全不同。必须要与老套的会津式、福岛式不同，创造能传承百年的笹屋皆川点心店的新设计。

解决意外的切身的"设计存在的过多问题"

　　包装材料和装饰贴都很容易获得，这对个人商店来说十分便利。但有时它们会使我们更快地迷失本质，也联系不到品牌。

　　在许多店铺里环视一圈，便会发现里面有各种设计、各种品牌、各种主张。

　　有包子也有曲奇，有日用品也有礼品。在充斥着各色物品的地方存在着各种设计。

　　设计过多存在的问题也出现在你的身边，如设计的各种字体、各种兴趣广告、各种风格的包装纸。在商业领域，这种多样性有时会被误解。

　　至少在会津下乡地区的笹屋皆川点心店，其本质便是多样性。但眼前的景象，比起"多样性"，我感受到的却是"五花八门"。"整体形象＝宏观设计"（请参照 156 页），在那里并不存在。

　　传统的包装纸、带有标志的透明胶带和悬挂在大厦上的旧广告牌，这些我们无法一次性改变。但是，我们可以从五花八门的传单、POP（卖点广告）逐渐改变，最终用新标志填补空间。至少从开始那天起一点点地更换标志，为了使新标志成为老店笹屋皆川点心店的品牌而进行战斗。

　　于是，我们决定先更新笹屋皆川点心店的标志设计，之后再生产加入了笹屋皆川点心店新标志的时尚布丁。

2　从设计战略的视角思考更新

标志的设计更新无法一次性完成时的解决对策

这是某一天我们在会津下乡利用网络和东京涩谷举行设计会议时发生的事。

"啊，那么便宜呀！"

店主惊奇地说。

通过这次更新，采用了新品牌标志的包装不仅展现出了奢华感，还统一呈现出日式现代风情的调性（气氛、氛围，也简称为调性。请参照 156 页）。为了获得这种"档次感"（以与人们的喜恶相对应的现象为中心而展开的设计战略，此处指奢华感），如果这次的设计战略不是以品牌标志为中心的，那么店主应该会花费更多的钱。

许多商业人士都不会把竞争战略与设计联系在一起。尽管拥有难得的高级战略，但仍不能将得到的结果形象化。也有相当一部分商业人士误认为"有灵感的人"才能思考设计。即使拥有战略，但如果没有形成视觉，也难以看到差别。这不仅限于点心等食品方面。

例如，提到"市场定位战略"，人们往往只会关注"与业界竞争对手形成差异"。会津下乡的包子店通过设计更新获得了考究并兼具"档次感"的调性，自然也产生了差别，这意味着它已经具备了不同的竞争力。

具有奢华感（档次感）、考究精致的商品能被陈列在商场，进入一流产品的行列。通过"看"这一瞬间的动作，消费者便能产生它们和那些一流产品属于类似范畴的意识。也可以说，这是市场定位和设计的调性共同打造的"加入到一流产品行列的战略"。提升设计的档次感已然是一种战略。

近来，商家开始重视设计，在形成差异的同时（和优质产品的差别），类似范畴的标签也会带来竞争力。从这层意义上来说，市场定位战略应当被补写并更新为以下战略，即由含有调性的"档次"和"类型"形成的设计（印象）战略（关于由"类型"而非档次感形成的战略、由调性形成的设计战略框架，将在后面的章节中进行介绍）。

虽说是设计更新案例，但即便是支援小规模企业的设计开发，即便是初次亮相时期，大多也会分段进行，必须避开"设计的转换期"，因为不可能同时废弃已经备好并为大家所熟悉和喜爱的包装纸。

在多数情况下，这种转换期会变成新旧设计的"竞争期"。这一次，新旧设计之间的战争就在这家远离东京、位于会津下乡的包子老店中反复上演。

被合并经营的大规模企业里也存在着许多"新旧设计之间的内部抗争"，在研讨会、经营技术咨询方面的意见听取会上也很常见，在拥有新旧畅销商品的人气品牌里也会存在。

会津下乡包子店发生的"设计转换期的混乱"，实际上是一个在全日本都能见到的问题。它无法被一次性改变，而是需要花费时间一点点地改变。解决这一问题的关键就是可扩展的识别设计系统。

设计战略是降低成本的捷径

日式点心包装的常见形式之一是附带"礼签"。我们采用的是一款极为简单大方的设计，选用上等的纸张印刷成单一的黑色，上面只有品牌标志。为礼品增加礼签是日本的传统习惯，在展开包装时，新设计首先就赢得了胜利。乍看之下，这款设计好似没有实质性内容，但它不仅演绎出了精致优良的品质形象，还会令人瞬间产生以下想法：

"看着好高级！"

"这家点心店很有品位！"

为了把点心盒完好地包进去，还要用到包装纸。一开始有两个方案：一个方案是品牌标志的字母组合设计（图 2）；另一个方案是放大品牌标志图案，使其几乎能沿着图案边缘剪切，然后进行动态布局（图 3）。我们在两个方案间犹豫不决。但最终我们采用了现代化的时尚设计（把动态方案调整了一下，图 4）。

现在路易威登等品牌形象可谓很常见，也很少有人对字母组合图案产生抵触心理。不过令人意外的是，笹屋皆川点心店却选择了动态方案。虽然同是品牌标志设计，但布局方式不同，给人的印象就会完全改变。不愧是长期从事制造业的客户，他们能靠直觉明白这个道理。

"看着很高级""有品位"，用这样的礼签包装出来的包子、大福饼，会让人产生十足的安心感和信赖感。用新颖的包装纸包裹的盒装礼品、曲奇，体现了制造商挑战新事物的勇气与决心。这些体验都来自于设计的更新，会深深地铭刻在买家们的脑海里。

刚开始，店主对这个冷色调的设计还存有少许困惑，但等项目进行到最后的时候，她们的鉴赏力大大提升，甚至"抢过了"我这个设计师的风头，引导着我们进行创造。她们并不是简单地考虑到"容易受到大家喜爱""使用便利"等，而是能够明确地指出"从设计层面来说，这个更有格调，更适合"。

虽然也有人觉得设计感是学不来的，它是某些人与生俱来的天赋，但我并不这么认为。所有人都有长命百岁的可能性，无论活到多少岁，设计感都会跟着提升。为了达成目的不断地做出决定，人类是在反复的磨炼中逐步成长的。

图2：字母组合图案样本，有西点、西式风格　　　图3：动态图案样本，动态构图给人现代的印象

图4：搭配礼盒和包装材料，多次重复印花并经过调整的最终方案

这次，我们停止对"草大福""栗子包子"等商品的单体扩展，开始致力于笹屋皆川点心店主品牌战略（图 5、6）。以后随着这次创作的标签、礼签、包装纸用量的增加，设计资产的价值便会跟着上升，易耗品的成本（单价）也会下降，这已经是明确的事实。这不是削减成本。它将是在设想范围内管理主品牌的成果之一。

提高（产品或设计的）价值品质，减少包含运行成本在内的支出，制作具备竞争力的商品，我们把这种手法称为价值创新（图 7）。我曾在自己负责的几个项目中介绍了一些针对笹屋皆川点心店的解决对策，每个人都对此有着极大的兴趣。

询问后得知，经营者们都深感世界变化之快，他们想加入到潮流前沿中，也想进行有力的拓展。而且，大家都对设计中的系统、管理战略相当关注。与经营者有了共同的理解后，设计师便能一心一意地追求优良设计。这是再简单不过的。

如何既重视现有顾客群，又能招揽新顾客？

在负责设计更新案例时，常常要运用一个法则。无论是设计还是营销，都不能忘记此法则。即重要的顾客有两种，分别是现有顾客和潜在顾客。也就是说，现在看得见的顾客和现在看不见的顾客。再详细一点的话，就是一直光顾的顾客和以后会一直光顾、将成为老顾客的顾客。这两种顾客与你的商业收益极大相关。

设计更新的时候，针对客户群中的老顾客，店家会担心因为改变了原有形象而导致之前的畅销产品滞销。也就是说，设计更新必须利用一些视角或统一印象，使新老顾客都能接受。

做个广告便能畅销，通过"广告""推销"努力去销售现有产品，这样的时代开始走向终结。如今，只有定义新价值，或者和新体验相互结合，

1. 以往的顾客才会继续购买；

2. 新顾客才会因感受到新价值而开始购买（逐渐增加购买量）；

图 5：转变成主品牌战略后，贴上新标签的栗子包子、石衣、果粒香橙饼、荞麦豆沙包

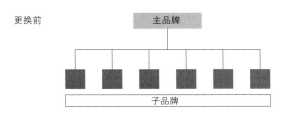

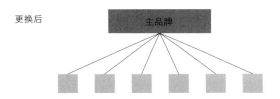

图 6：不突出子品牌，而突出主品牌，这就是"笹屋皆川点心店"的主品牌战略

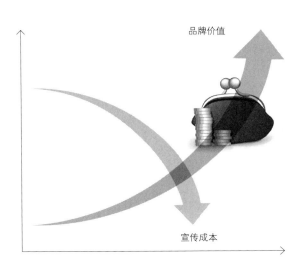

图 7：价值创新图，利用设计创造品质，提高品牌价值，降低成本

　　唯有这样才有可能获得成功。

　　在《培养设计感》（『デザインセンスを身につける』，2011 年，ソフトバンククリエイティブ刊）和《畅销设计的策略》（『売れるデザインのしくみ』，2009 年，ビー・エヌ・エヌ新社刊）中，曾深入地提及何为产品的"本色"，即使模仿外来标签、模仿他人的形象、拥有流行的调性（世界观），它也不会随之改变。

　　在与仓村包子相似但实则不同的食品中，有一种温泉包子，它可以由工厂大量生产制作，保质期长，虽然没有使用日本产的红小豆，但在包装上却花了大价钱。我并不是否定它们的存在，而是需要与它们划清界限。绝不可以与它们相混淆。

　　虽说是不起眼的包子，但也有一定的技术。虽然书中清楚地记载着它是从天宝元年传承至今的老店制作的优质包子，是深受当时贵族们喜爱的名牌点心，但也必须认真地用设计去维护它。

　　关于包子店开发布丁这个案例，成员们最初是持怀疑态度的，但渐渐地都改变了看法。这时已经到了红叶似火的晚秋时节。最初有人认为可以用"会津的特产"作为布丁原材料，推荐使用"花豆"和"山盐"制作布丁。

　　自产自销是指不借助于外来的东西，而使用该地区的原材料，而这种布丁恰好符合自产自销的流程，是会津下乡的特产。每一种原材料都不便宜。即便商品化，也不能将卖价设定得很低。

　　但是，大多数人想要购买的产品，是该地区特有的优质美味的食品，而不是随处可见的产品。我们就是要开发这种能够证明自己是这片土地特有的优质新产品，对它进行创作设计。把这种形式应用到包子、曲奇等产品中，使所有商品都拥有统一的老店形象即可（图 8）。

图 8：此时形象化的布丁包装草图

3 把握现状和创作新理念

推荐——设计资产的模块化

你有没有这样的经历？设计还差一点儿就完成了，但做了修改后印象却没多大改变，于是反复做了多次修改。又如对传单进行修改，虽然一般都已经有部分现成的设计，但想必也有人从空无一物的白纸状态开始设计吧。

不仅是设计更新的项目，在所有的视觉营销中，对设计的各要素进行明确分工，是十分重要的。

你小时候也有这样的经历吧。玩积木的时候，由于缺少想要的积木形状而无法堆出想要的东西。但是只要集齐积木，小到庭院，大到公园和现代化街道，都能堆出来。同样，把设计模块化，变成一个个要素，就像尺寸适宜的积木一般，从空间设计到多重设计、界面设计，都能被统合在一起。

试着按照以下顺序将设计变成积木。

1. 把所有设计要素按照固定要素和动态要素进行分类。

2. 找出决定设计风格的要素，即"字体""色彩""形态""平衡""质感""中心图案"等，依次进行分类。

3. 检验识别设计的外衣（象征符号是否是复数、英语的标志是否有两个）。

4. 对描绘未来状态时可能会出现的信息种类进行分析、分类（"品牌信息""工具""体验"等）。

设计要素有哪些？它们代表了什么？现在该如何发挥作用？整理好这些问题，

我们便能明确应该宣传什么信息，以及应该对哪个设计要素进行再设计。这家店内存在过多的象征符号和主题图案，既有小竹叶又有观音莲，还使用了家徽。

我们这次的项目就是要为笹屋皆川点心店制作出独一无二的新标志符号，如同家徽一样，格调雅致。

首先我们决定从店名中选取小竹叶作为象征符号。这期间也讨论了观音莲的运用，但是或许将来会将其用于制作包袱皮、布手巾、新生产线，在那天到来之前暂时不使用。产品名称全部使用同一种隶书体，和 iPhone、iPod 所使用的无衬线体（没有衬线的字体）一样。

实践—— 一看便知的图形分析

除去特殊案例（作为图形要素使用，成为主视觉的情况），象征符号和标准字一般属于固定要素。关于这些要素，应当确认以下三点。

1. 把哪一项（象征符号、标志、标准字）定为"首要"的地位。

2. "推荐使用案例""不推荐使用案例"及其相关理由。

3. "组合标准字（标志锁定）"时的指导方针。

笹屋皆川点心店当初没有"首要"的定义，有时将产品名称（元祖仓村包子）放在首要的位置，有时又将店名（笹屋皆川点心店）作为品牌标志，有时家徽也会发挥类似的作用。

"虎屋"把总公司从京都搬到了东京的赤坂，是一直以来都很有名气的日式点心店。它的标志是由四个装饰边环绕着的"虎"字，是专属的象征符号。"TORAYA"是店名。"夜梅""面影"都用统一的字体书写商品名，备货品种也会随季节而变化。但"虎"和"TORAYA"却不会变化，是固定要素。

笹屋皆川点心店也以这种方式整理要素。新创作的要素是象征符号、公司名、产品名。公司名和产品名字体一致，因此显得很协调。产品名是动态要素，以后也会增加，有时每个活动展销的产品也不同。

整理好要素后，即便有了限量产品和新产品也不用慌张，只需用同样的字体替换产品名称即可。

再次确认自己所处的位置，引导出新品牌形象（理念）

在笹屋皆川点心店的象征符号中，小竹子和河川是主题图案，英文字体更能体现现代风格，日文字体更重视协调宁静感。最终留下的两个候补方案，难分伯仲，我们便反复讨论。大的区别，就是一个方案中的"川"字占据半个圆圈的空间，另一个是川字在中间（图9）。

圆圈方案的老店感强烈，是人气设计。但"川"字居中的方案更加现代。非对称又似对称，倚靠在河川旁的小竹叶正如互相扶持的母女二人的身影。于是我们采用了时尚现代的象征符号。

我们并不是从喜好的形状、视觉冲击力等意义上来挑选的，而是选择了更贴近自身形象的方案，新颖脱俗。该方案恰好能表现为守护老店而挑战新事物的现状，也能衬托出其优质点心店的地位。而且也能从选取的这个"理念"中创造出空间和设计的体验。舍弃多余之物，发现自身的价值，并使其落地，最终就可以获得自由的双翼。

创造地域品牌、开发新产品，如今已成为热潮。常在外边游览，时不时便会碰见新特产。但遗憾的是，这其中的大部分都只尝试创造新颖的事物，却无法成为传承和保留古老优秀产品的经典。它们并不是为了传承那些含有价值的事物而进行更新，而是创造了全新的事物。这不是新旧事物的传承，而是零碎的新产品不断出现又消失。

向外打开、扩展的
设计（采用方案）

向内侧闭合的设计

图 9：笹屋皆川点心店的象征符号最终候补方案。从采用的设计可以看出店主的想法和
品牌未来的可能性

4 寻找潜在市场并进行设计

设计以下流程，即让买布丁的人买包子，而非让买包子的人买布丁

这里有两个要点，它们既代表着点心店，也是顾客选择产品的视角。毫无疑问，第一个便是礼品，即作为赠品的需求。赠品是否精美正式？送给别人会不会失礼？这个视角相当重要。还有一个味道和喜好方面的视角，因为自己喜欢，或因为漂亮，或因为是传统老店。这就是"好坏"和"喜恶"的视角。

从之前所讲的两种顾客群体综合考虑这些视角。

1. 老顾客：因为是优质产品（高级），所以购买。

2. 老顾客：因为好吃（自己的喜好），所以购买。

3. 新顾客：因为是优质产品（高级），所以购买。

4. 新顾客：因为好吃（自己的喜好），所以购买。

在此处我想重申一下食品包装的作用。老顾客因为吃过，觉得好吃，所以可以通过"味道"来判断。而除了"试吃销售"等方式，新顾客无法得知产品的味道。

想要将来一直卖什么产品呢？对于这个问题，笹屋皆川点心店的答案很明确，就是元祖仓村包子。这也就是说，包子的设计应当对还未遇见的"4. 新顾客"形成引导作用。

不过，几乎每个人都吃过包子这种食品，很多人都能想象出它大致的味道。如果吃过之后不觉得格外美味，那或许有人就会觉得所有包子的味道一定也就那样。

提到布丁，最近便利店、超市的布丁都很好吃，竞争也很激烈，今后或许很难站在市场顶峰。不过一般来说，任何地方的布丁都很好吃。很多人看到它就会去买。

"以前不觉得特别好吃，这个味道肯定也一般"，这种想法在多数商业案例中都适用，它就是"既有概念的障碍"。

"一定是……""已经落后于……""已经淘汰了，……品质更优良""即便没有……，只要有……就行"，在以上诸多模式中，如果什么也不做，也不考虑任何对策，那么商业市场就会萎缩。

不曾吃过美味的手工包子的人在"讨论是否购买"或者把包子加入"礼品候补名单"之前，便会凭借瞬间印象做出"一定是……"的判断。但是如果是布丁或曲奇的话，就能打开突破口。虽然过年或过节的习俗有衰退的趋势，但土特产却越来越受欢迎，曲奇购买便利，布丁受人喜爱，如果这些都极其好吃会怎么样呢？

曲奇和布丁非常好吃，很受欢迎，继而让大家觉得，既然"元祖"能制作出如此好吃的布丁和曲奇，那么它的包子也"一定好吃"，这就是我们这次设计的剧本。

"我以前不爱吃包子！不过这家的布丁这么好吃，包子也一定好吃。"

为了能使抱有上述想法的顾客增加，就需要不断制作美味的产品。未来一片光明。

在没有工具、标志的案例中，应该以什么为起点？

在笹屋皆川点心店案例中，毫无疑问，元祖仓村包子是品牌重塑的起点之一，也是一个标志，一种使命。虽然如此，但如果把传统包子的形象原样套用在设计中，结果会变成什么样呢？应该会被束缚于包子特色的固定概念中，与其他很多包子相混淆吧。这样的话，就不能说是战略性的，调性也会变得司空见惯。

例如，有的公司在刚开创新事业、新品牌的时候，不像元祖仓村包子一样拥有明确的固定元素。在 B2B（Business to Business）中，如果是以接受委托为主的企业，那么满足客户的需求就是其使命。如果没有战略性地跳出业界模式，一不小心就会被商品化。

创作象征符号时，单纯地把首字母简化，这类做法的危险性不言而喻。而且，从一开始就不能把已经存在的符号、设计放入候补之列。

我于 2015 年的夏天执笔此书，而这一年对于设计领域来说可谓动荡的一年。围绕着奥运会的会徽设计，大家意见不一，即便到了它已经被停用的同年 9 月，关于"相似""不相似""原创设计""不是原创"等的争论仍然没有结束。这件事给我们的启示是，它已经不再是奥运会会徽问题，而是警醒我们将来应当做什么样的设计，以及以什么标准来决定设计的问题。

一般来说，很少有企业会原样使用任何人都能想到的形象，不管是垄断性企业、长寿企业，还是超级品牌等。当然，制造业除外。我们都知道，蛋壳、拼图、握手等形象无法形成广告视觉。

为什么这样说呢？因为从中抽象出的原型太常见了，缺乏独创性。但是无论什么样的企业，什么样的服务，大都已经拥有专属于自己公司的独创形象。一个是标志，另一个就是产品。创业者或社长的脸部图片也大都等同于此。

至少最初的两个（标志和产品包装）是具备独创性的，只要准确地将独创性应用到商品包装上，再适当地加以布局，就能形成品牌的广告。例如，大家都熟知的荷兰喜力啤酒的大多数广告就是标志或瓶子。

重塑品牌时，在放弃（整理）现有要素的同时，将新图形、新要素、新宣传词（简要概括企业和品牌本质的标语、醒目广告词）等组合（标志锁定），转变成不常见的战略性调性，便能使价值达到最大。

把热门产品和能成为基础款的产品的设计风格突然变成时尚的样式，是现在设计界的趋势，但是也要分时间和场合。留用原来的设计更能提高热门产品的价值。

但是，我希望大家不要认为"我们店才成立 30 年，不能以笹屋皆川点心店的方式进行品牌重塑"。因为标志的定义会有变化，甚至可以说标志没有明确的定义。事实上，只要弄清楚无法明确品牌形象的原因，舍弃应当舍弃的东西，整理系统，使其正确组合即可。

因为起源不明、识别性差，所以品牌不稳定，会这么认为的人已然是具备设计战略才能的规划者。而单纯地认为创作新产品、设计新标志即可的人，是不可能成为设计战略的规划者的。他们很可能只是在想设计。

实际上我们没有修改仓村包子的包装设计，只是在原来的基础上对其进行了区分。给香橙饼子、荞麦包子、大福饼等人气产品贴上 2 厘米见方的标志性装饰贴，给栗子包子、曲奇等贴上长方形的黑白两色装饰贴，以此统一。黑色是日式点心，白色是西式点心，以此分类。我们所做的再设计并不是外表设计，而是使仓村包子的地位、环境及其真正价值可视化。

通过"地区名 × 项目名"的组合，设计潜在市场

我曾在《畅销设计的策略》一书中提过，在 20 多年前的设计领域，广告设计还是主流。到了写该书原稿的 2015 年春天，最受支持的意见是"用来解决问题的便是设计"。解决问题型设计备受人们青睐，但是短期的策略往往会受到批评，这就要求我们提出符合市场原理的具有前瞻性的策略。

这是笔者十年来一直强调的东西，设计作为产生回报的"投资"，意义可谓重大。当然了，将投资过的设计变为资产，应用到品牌的横向发展、商品化权中同样重要。这样一来，设计的"一贯性"自然越来越重要，但还未被广泛理解。而且，有的企业顾问会建议，趁着品牌被认可的难得时机，创立"新品牌""新产品"，此处需要特别注意。

提高设计的竞争力，关乎设计师事业的高水平发展。想要打造战略性设计的设计师，也有必要关注品牌和设计管理。

笔者曾在"鹿儿岛设计营"当过讲师，从我这个相关人士的角度来看，鹿儿岛市举行的"鹿儿岛设计营"这一振兴项目的策划做得很好。

笔者是这个项目"鹿儿岛设计奖"一环的审查员，也是"鹿儿岛设计学院"的讲师，还参加了"鹿儿岛设计师评选"，因此得以拜读专业设计师和业余插画师等人的广告策划方案。

在其他县的地域振兴相关活动中，我看到一些活动的名称都是暂时的，也没有很好地将理念提炼出来。它们不是为了提高地域品牌的知名度，而只是暂时的活动名称而已。从市场原理来说，很容易便能想象出，如果其他活动一开始，这场活动便会就此结束。

关于鹿儿岛市的活动名称，你觉得它哪方面比较优秀？

鹿儿岛（A）× 设计 × 某某（n）

像这种"地区名称（A）"和"项目名称（n）"的组合结构可以任意追加多个项目或活动。

与这种结构相同，有些都市的再开发项目也大获成功。最近，日本桥比银座更具活力。文华东方东京酒店尽显豪华；重新复苏的三越日本桥总店的购物袋也采用了新设计；尽管是工作日的中午，三越日本桥总店正对面的 COREDO 室町也人山人海，有品尝葡萄酒的女性群体，有身着靓丽和服从茶会归来的女士，还有购买食材和烹饪器皿的母女。

COREDO 是个复合词，由"CORE"（核心、中心）和"EDO"（江户）结合而成。COREDO 日本桥、COREDO 室町都很成功，不难想象，类似的命名将会越来越多。COREDO 镰仓河岸、COREDO 京桥等，光笔者便能想到许多，类似的命名都能在所谓的江户日本桥地区展开。

六本木之丘、表参道之丘、虎之门之丘也简单易懂。这种结构为"地名"加"高层建筑及商店、商业的综合设施名称"。"之丘"这个词已经成为一种品牌，××之丘，这样的名称以后也会继续增多吧！

永旺梦乐城的标志识别结构也一样。最近，在商业街等小空间开设的"My Basket"越来越多。实际上这个也只是"永旺"加"店铺的规模"和"地名"的结构，命名系统是相同的。区域城市、江户日本桥，像店铺经营者一样，更倾向于使用易于扩大业务的品牌设计结构（图 10）。

反过来，那些不希求扩大业务的店家会加上听起来舒服的"关键词"，不会选用展销会、宣传活动这种层级的标志。如果像"Bonjour（你好）××""Amigo（朋友）××"（×× 是地名）一样，使用与地名无关的外国语句，就进一步破坏了标志，听着像奇怪的游玩设施。

具备市场性的设计、可以扩展的设计，其标志都是明确的。iPhone、iPod 也在最初就确立了"可以扩展"的设计。设计不是表层事物。

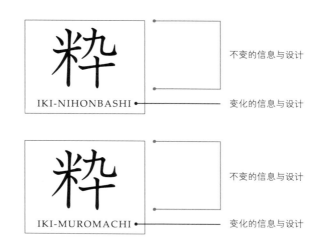

图 10：把不变的要素（核心）和变化的要素（动态要素）组合之后进行设计

5 思考识别设计的基础

识别设计的基础就是要素和系统（组合）

回到笹屋皆川点心店品牌重塑的话题。包子店创作新标志和制作新产品布丁的挑战，实际上是"福岛美味"项目中"经营者品牌强化""新产品开发"的一环。"福岛美味"的品牌项目也和"鹿儿岛设计营"的结构一样，"福岛美味某某"的"某某"部分是名词（n），因此可以被替换无数次。

笹屋皆川点心店与此完全相同，如同创作"COREDO室町"一样，它创作的是笹屋皆川点心店的统一象征符号。只要笹屋皆川点心店这一主品牌能发挥作用，把包子、香橙饼、曲奇、布丁加在后面即可（图11）。

图11：笹屋皆川点心店设计更新后的商品标签。在象征符号后面加上商品名称便不会失去统一感

关于分散设计，我在最近写的《视觉营销战略：用视觉的力量解决问题》（『問题解決のあたらしい武器になる視覚マーケティング戦略』（2014 年／クロスメディア・パブリッシング刊）一书里曾有论述，希望大家读一下。在这本书里，我试着从可扩展的识别设计或动态识别设计的视角，重新总结最适合本土产品和老店的识别设计模式。

i. 思考独一无二的东西

分散后应当确认的第一个特征便是"地域性"。地点信息浅显易懂（虽然相同的"地名"或许存在多个），可能会成为世上最具识别性的独一无二的标志。

笹屋皆川点心店从地域上来说属于日本东北，属于都道府县中的福岛县，地名是会津下乡地区。东北区域范围广大，福岛范围也大，只有实际到访才能发现浜通地区、中通地区、会津地区这三地的机构文化是大相径庭的。

而且，对于笔者这样的关东地区人来说，对会津的印象就是"会津磐梯山""会津若松"。在现阶段，"会津下乡"和大多数人想象中的所谓"会津"有着微妙的差异，因此我们不得不采取第二种战略。

"笹屋皆川点心店"是一个优秀的店名。"笹"字就说明这片区域有竹子、竹林。会津下乡地区水源丰富。店名准确地体现了地域特色。川字位于象征符号的中心，相互依靠扶持的小竹叶象征着现在的店主母女二人，体现了代代相传的手工智慧和努力。

象征符号既是标志又是图形，有时又是一种模式。经过多次验证和样品设计，放大或加入象征符号之后，会给人更加时尚的印象，而字母组合等模式化的图形会显得更加保守。请大家回想一下包装布的花纹。全花纹布料平淡无奇、图案性强，动态构图的包装布则提升了绘画性。无论哪种设计，有时一种会更为有效，有时另一种设计则更为优秀。

"白苏油"一经电视介绍就在日本脱销，而形象原本较为普通的"白苏曲奇"就和白苏油一样，以"白苏"的方言命名。重要的是，它是使用会津土鸡蛋做出的白苏薄烤曲奇，而西式特色的点心与字母组合图案十分相称。

之后在制作与笹屋皆川点心店相称的什锦盒装（即西式点心与日式点心的什锦盒装）等礼品时，动态构图的设计与其更协调。总之重要的是，在改变图形形状的同时，会反复使用相同的中心图案。随着反复使用，时间一长，它所拥有的世界观便会深深地印在人们的脑海里。

ii. 把时间当作伙伴

分散后应当确认的第二个特征是"时间性"。在提到品牌战略性的时候，如果有人不能理解"时间轴"的构想，那么那个人或许是优秀的评论家，但他却难以成为品牌经理和负责人。和"地域性"同等重要的是，在设想好时间流动的基础上制定形象战略，即哪些部分应当随时间产生哪种变化；时间变化后，又该如何使哪些部分保持不变？

你或许会想"如何将时间分段"。其实并不是要将时间分段，而是要预测未来应有的变化，只有这样才可能设计出具备时间性的战略。假设你收到了传单设计委托，大多数传单只是一次性用品，但如果传单要二次或多次使用，该如何进行首次设计创作呢？此时，我们便会关注到共同部分和变化部分这两种不同的内容。

举例来说，在进行包装设计时，要考虑到被包装的商品数量会越来越多。新产品会不断出现，有的产品也会停产。将来会出现不同于现在的状况。不仅"内部"，外部状况也会变化。以字体为例。以前还流行 GothicMB101 的硬朗 Gothic 体，后来又忽然流行新 GothicL 等纤细字体，而现在又盛行手绘风格的字体。

至今仍有很多项目会在无意识中套用似曾相识的"很时兴""挺时尚"之类的风格，等五年过后，又会模仿五年后流行的其他风格。

但是，品牌和花费三年五载进行全模式转变的事物是不同的。必须把目光投向未来 10 年，不，应该是 50 年甚至更长远的 100 年之后。如果每 3 年就进行一次全模式转变，就完全感受不到任何品牌的本色，那这品牌能够长久流传吗？

iii. 从头做起，使其成长

分散后应当确认的第三个特征是"扩展性"（包含动态识别）。

在笹屋皆川点心店的设计更新案例中，地域形象作为方向及品牌的轴心，是一个发挥重要功能的要素，也是起点。与此相对的还有旋转要素、成长要素、扩展要素，以及时间和空间。

如前所述，我们要从封闭在圆圈内的标志和非对称的现代标志之间做出选择。笹屋皆川点心店选择了"非对称的现代化"的设计。小竹叶图案并非只是简单地点缀在上面，而是分布在川字的两边，象征着母女二人齐心协力，互相扶持，经营着这家老店。

设计研究方面的取舍经验，将会变成构成识别系统的原则和基石，即设计的原动力。

　　我们不推荐没有使用字体和调色盘（即没有识别系统）的标志设计，也不推荐没有成长可能性的设计指导方针（图12）。因为这等同于从唯一的标志里舍弃了使产品、空间都能得到发展的设计研究经验。

　　标志、品牌是暗示内容本身的符号，其设计必须具备同一性。

　　在扩展性与素材感（材料的质感）组合之后，重生的象征符号会直接关系到空间氛围的营造。

　　许多企业或服务业往往会把图形与空间、产品分开考虑。但品牌识别设计要求企业的所有活动保持一贯性，在给顾客带来信赖感的同时，通过象征符号把企业"武装"起来。因此，我们必须正确地认识一贯性，并理解我们认为统一的元素。

　　我在《传播标志的基础知识》（『伝わるロゴの基本』，2013年，グラフィック社刊）一书中，介绍了菲亚特、苹果、星巴克与时俱进的标志。一贯性和统一感是指颜色吗？是指形状吗？答案都对，但又都不对。

　　如果同一个事物的明暗度或背景产生变化，我们可能会认不出来。但我们能认出几十年不见的上了年纪的同学。从面貌上来说，他们长出了鱼尾纹，眉毛也变得稀疏，脸也变圆了。即便如此，我们还是能认出来。这是因为我们拥有独特的识人妙法，如人们说话时的手势、神态表情、笑声等。我们不是通过胖瘦，而是通过那个人表现出的本色特征来判断的。

　　并不是所有事物在一开始就清晰可见，但是通过制作样品或设计草图就能一窥事物的本貌。我们无法像公式计算那样机械地引导出设计的正解。

设计指导方针

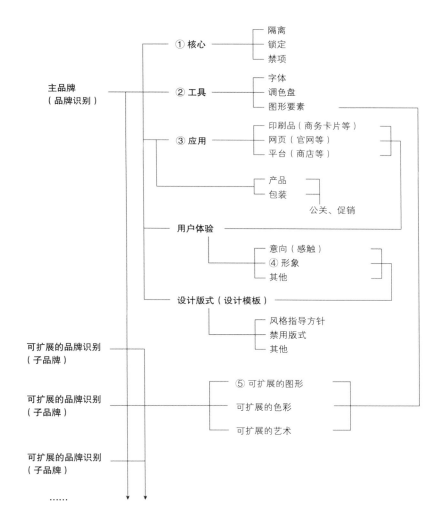

®Scalable Identity System

图 12：设计指导方针概要示意图。如能具备扩展性，就可以作为"可扩展的品牌识别"来发展

许多人认为设计是静止不动的。然而，当它被赋予诠释品牌形象的职责时，这个"静止（静态）的设计"就需要成长扩大，即需要动态发展。正如人会成长一样，赋予品牌"生命力"的设计也会不断地成长，不断地适应"目前市场"。从这个层面上说，设计需要扩展。

包子店在完好地传承包子的同时，还转变成了日式现代点心店，这时市场已经具备了扩大的可能性。当然，空间与体验也必须相应地改变。这个市场要求我们改变自己的世界以迎合日式现代化世界。

在这个充斥着"特产"、竞争激烈的市场，如何让他人购买自己的产品？

日本国内有100多个道路休息区，在这些休息区内，当地特产、差异化产品的销售额较高。除了休息区和特产店，就连那些在全国开有连锁店的大型超市也一样，盐、豆酱、酱油等调味料柜台都出现了明显变化。进入了经营厂商剧增、专柜凭借特殊产品展开多种品牌商品竞争的时代，也有不少百货商场的地下商业街准备了从全国各地精心挑选出来的名品。

有些经营者难以想象加工食品、调味原料等与清一色的竞争性产品并排摆放的情形，我们会呼吁他们注意，建议他们导入差别化设计。

需要特别注意的是，有些经营者想把用当地受欢迎的大号实惠包装袋包装的产品原样运到市中心销售。我们难以把握市中心地区消费者或初次购买产品的消费者心目中的理想尺寸。一般情况下，特产包装都会大一些。

我们通常会差别对待交往甚深的亲戚朋友与从未见过的陌生人，同样地，也会差别对待平日经常吃的品牌的食品和从未吃过的品牌的食品。

　　凭借设计、包装进入消费者视野固然重要，但通过试吃等活动，让消费者实际品尝，或把它们当作礼品带回家，这样哪怕仅仅增加几位顾客也是十分有益的，这就是这个行业的捷径。因此，附加一两个试用品也是不错的选择。当然，包装形象最好与品牌主体相似。

　　因此，从邀请消费者品尝的意义上来看，小号包装或独立包装就显得非常重要。"做设计"的真正的基本想法就在这里。设计就是为了构筑新的邂逅、难忘的体验和毫不动摇的信赖关系而存在的。

　　产品销售尺寸的设计，即"缩小设计"，正是邂逅新顾客的"机会性设计"，是为相遇而存在的设计。

　　许多土特产项目的设计价值被重新定义，即"再设计"，这在设计相关人士和地域品牌化相关人士看来，是百利而无一害的。

　　为了能让这些对策继续传承下去，不断产生成果，有几个不得不提的要点。为了达成目的、得到有效成果的设计固然很好，但"仅仅在土特产式的设计中进行再设计"是不行的。

　　应该设计的当然不是外表，而是标志和品牌的将来。商品的尺寸是否合适？想吸引哪些人？又想让他们在什么样的情景中体验品牌？想让他们说什么？通过设计是否遇见了应当遇见的人？是否获得了期望的未来？也就是说，通过设计这种行为，是否获得了解决问题的方法？

第 2 章　利用"设计更新"提高销售额的策略

1 构筑设计系统

卖的不是包子，而是笹屋皆川点心店的品牌

不仅会津下乡笹屋皆川点心店这一个案例，以主品牌为中心的商品标签、包装材料的设计统一，是兼具速效性与持续性的战略，实际上也是高效的价值创新。这种做法在将品牌的质量管理保持在高水准的同时，还可以大幅度降低成本，如果你期待这样的"新做法"，就要立即采取这种战略。

能够低价订购的消耗品，如包装材料，每天都在不知不觉中被反复使用，看似和以往一样，实则每天都会出现不同的结果，在吸引不同人的视线的同时，即便每个只降低几分钱或一毛钱，也有助于经费的削减。这与逐日提升品牌的影响力直接相关。将来经营者本人及相关人士都感叹"幸好当时采用了新设计"，这是比什么都重要的。

"重新定义标志"听起来似乎很难，但如果是通过设计更新使项目重生，那么成功的要点就是确定未来的你想以什么作为卖点，并且想采用什么战略。

以笹屋皆川点心店为例，在包子店这一定位上不会有任何改变。作为一家包子店，毫无疑问，这既是起点，也是原点。但是，如果把构筑视觉系统的最初的出发点比作纲要，把宣传语的第一行改成"笹屋皆川点心店（品牌）"而非"包子（店）"，那么世界也会因此而改变。从"我们是包子店"变成"我们是笹屋皆川点心店（创立于天宝元年的匠心点心店）"。

时间越久，设计更新后运行的设计系统对终端产品的资产价值和宣传措施的力

度的影响就越大。在商业领域，从更高层面推进设计更新，将有助于极大拓宽你未来发展的可能性。

把设计当作由要素组成的系统（思维）思考

设计更新的目标，是创造拥有强大识别设计系统的有吸引力的品牌。这和那些"暂时性的设计"有着很大不同，后者不考虑企业、品牌、商品的发展历程和优点等，不考虑未来，只着眼当下。

暂时性的设计和可持续的设计有什么区别呢？直截了当地说，就是它们是否具备扩展性，构成设计的要素是否具备战略性。也就是说，它们不是仅能绽放一次的烟花，而是谱写未来成长故事中的一个章节，且能够进行持续创作。

图 1 是简要展示设计系统构成要素的概念图。设计要素由字体、色彩等设计部件组成。当设计部件的创作是为了制定一定的规则、打造某种形象时，就可以在项目中完成设计部件。在对它们进行组装时，不论舍弃哪些地方，都会完成具备一贯性的设计。

这样创作出来的设计当然可以成为可扩展的识别设计系统。

接下来列举它和普通设计、普通设计系统的不同之处。

• 设计系统和普通设计的不同

○：设计不受大小（媒介）的束缚，能够对任何事物进行组装并扩展（设计系统）

×：难以跨越规格、媒体进行设计，或者会花费巨额的成本（不是设计系统）

• 可扩展的识别设计系统和普通设计系统的不同

○：设计可以根据时代（发展趋势）或目的来伸展拓宽（可扩展的识别设计系统）

○：设计能够灵活地应对经营方针的转变及扩张，如业务拓展、商业整合等（可

1. 设计要素

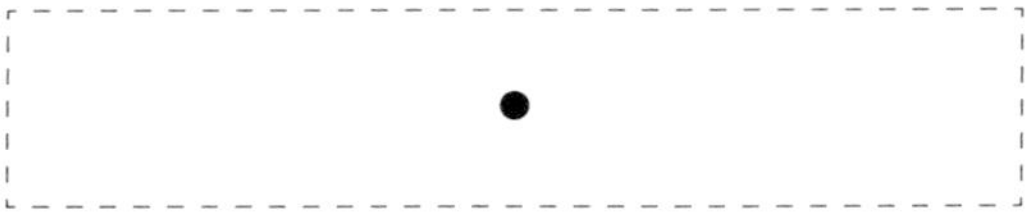

2. 设计文脉

3. 设计模块

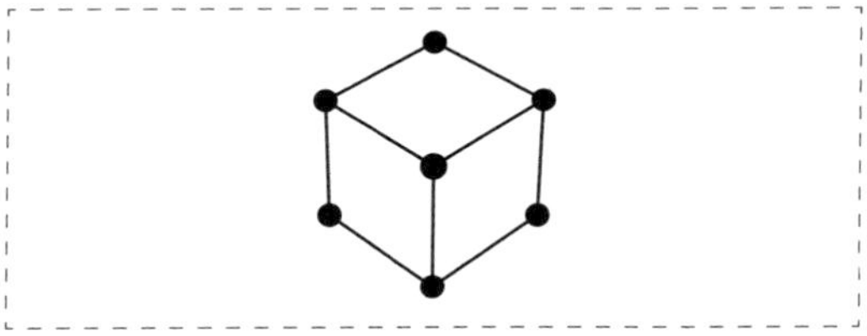

4. 设计系统

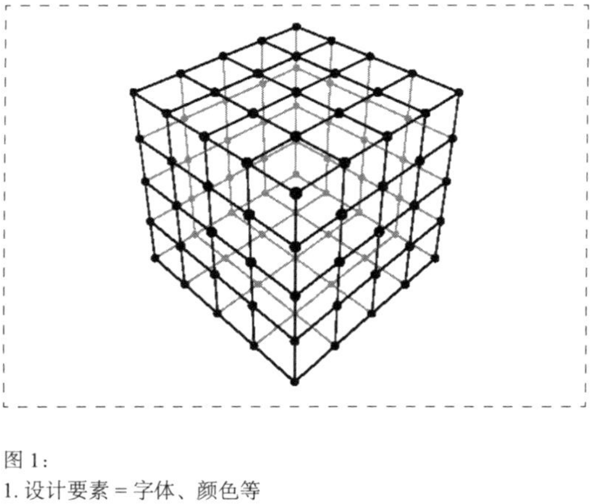

图 1：
1. 设计要素 = 字体、颜色等
2. 品牌概念和设计规则
3. 由 1 和 2 构成的设计模块
4. 在 3 的项目基础上进行拓展

扩展的识别设计系统）

×：设计虽然富有时效性，但有可能很快就被淘汰，需要重新制作（不是可扩展的识别设计系统）

×：设计无法应对经营方针的转变及扩张，如业务拓展、商业整合等（不是可扩展的识别设计系统）

战略性地制定设计要素

任何人都可以获得这样一种设计或设计系统，它能使品牌形象保持一贯性，并能紧跟时代潮流和媒体特性。吸引了一代又一代儿童（甚至大人）的乐高积木就是很好的例子。

昂贵的设计部件时效性很强，是达成目的的最强法宝。但是从各种条件下的通用性层面来说，简单的部件效用最强。也就是说，如果想打造灵活的设计系统，就要将相关设计要素简单化。不过这不代表我们可以轻视设计。

例如，在选择字体时，尽量优先选择适用于网页、纸张或所有 OS（操作系统）的通用性的字体。不然的话，就要考虑表现力强的标题专用字体不能应用到正文等情况。

有时选用的字体没有醒目的特征，而是利用色彩吸引众人视线。有时仅用高雅的灰色设计图片或插图，使想要强调的素材突显出来。

经过"选择"和"组合使用"两个阶段，要素会更具表现力。你喜欢的设计与你自己的目的相契合，不仅性价比高，还具备随时可以完成的自由性。可扩展的识别设计系统的真实意义就在于此（关于各种设计的应用、品牌特色的表现力，请参照《畅销设计的策略》一书。图 2）。

Color= 颜色
Motif= 中心图案
Typeface= 文字、字体
Texture= 素材感
Balance= 布局平衡
Form= 形态、形状

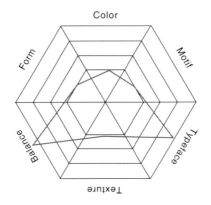

简单大方。都市风格的简约设计

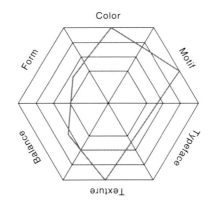

颜色、素材感富有特色

图2：把设计（的要素）制成图表并制定战略的一个例子

2　思考宣传设计

理解女性的行为模式，战略性地进行设计

笔者经常接到女性商品的设计更新委托，无论对方的要求是什么，我都尽量不进行"暂时性的设计"，同时为了成为"有助于构筑品牌的设计系统"，我会注意在确认与战略基础一致之后进行设计。

"在网站上把购买按钮设置成什么颜色才能使商品最为畅销呢"，这是"暂时性的设计"经常会涉及的话题。不考虑品牌背景、市场未来，而是优先考虑"设置成什么颜色才能让商品最为畅销"，可以说已经偏离了中心。因此，在委托人提出这个问题时，我们会向他们解释为什么不应该以此为重点。

从品牌战略、设计营销的角度来看以下案例。以橘黄色为品牌主色的爱马仕已经是国际化品牌，其昂贵的服装、箱包畅销全世界。与此相对，同样以橘黄色为主色的某连锁超市在被以粉色为主色的另一家超市收购后，仍沿用橘黄色的标志，结果业绩不佳，店铺不断倒闭。

该案例如实地说明了我们不应该以橘黄色为标准来判断能否畅销，也不要把精力耗费在上面。

深究之后便会发现，在被粉色超市收购的橘黄色超市里，会购买橘黄色爱马仕的女性没有购买正价产品，而是选择购买了大甩卖产品。因为她们自己对橘黄色的爱马仕品牌设定了特别预算限制和特别裁定权，对在橘黄色超市购物制定了购物禁止令、奢侈禁止令，或采取约束自己在一周内尽量不打开钱包、日常生活避免浪费等措施。

也就是说，粉色也好，橘黄色也好，人们都会购买。从橘黄色和粉色中瞬间做出决定并没有超出顺便、偶尔等无意识的范畴。从各色世界名牌中购买了橘黄色爱马仕的人，则是由于他们对品牌长期信赖而产生了"关联性"。

那么你希望你的品牌主色像爱马仕的橘黄色一样被定义为"特别的存在"，还是像某大型连锁超市的粉色一样被大众认为是"有你所想，便利快捷"？你想赋予品牌何种印象？任何人都希望得到他人的好评，更何况如果产品具备竞争力，就更不应该被降价出售。那么是不是换成高级的包装纸后提高价格就好了呢？答案是否定的。首先必须设计出与顾客的关联性和顾客在其中所扮演的角色。

以此为依据，设计更新后的品牌强化的内容如下所示。

1. 创造任何人"一看便知"的品牌世界观（利用展销会、活动等也能增强效果）。

2. 合理设计想要传达的信息，传达出自己的价值和本质。

3. 创造令人印象深刻的主要信息（或主视觉），如具备视觉冲击力、打动人心的事物，内容要符合品牌的理念。

4. 成为顾客的"无可替代（商品）"，创造能让顾客反复购买的关联性。

笔者居住的自由之丘是有名的甜品街，新老甜品的直销商店鳞次栉比。有时在车站前也会看见时尚甜品店前排着长长的队伍。沿着自由大街向驹泽方向走，很快便能看见熊野神社，长崎蛋糕店——"黑船"自由之丘总店就在附近，深受当地女性喜爱。虽然暖帘上洋溢着浓郁的老字号气息，但它是一家新兴的甜品店。

礼品已经从中元节、春节等季节性问候商品转变成了一种需求。精美的礼品包装极大地影响着顾客的购买意愿，甚至超过了包装在内部的商品。有的制造商通过采用简易包装渡过了原材料价格上涨的难关，但是"黑船"却通过独具风格的纸盒和精美新颖的设计，让顾客认为"不是名牌羊羹也没关系，新颖又漂亮的长崎蛋糕也很不错呀"（因为设定的价格比看起来的样子更实惠）。另外，独立包装也促进了购买需求。他们研究出了能让人毫不吝啬地褒奖自己的黄金定律，并以此获得了成功。

分析情感和行为，把不太理性的人类经济活动当作营销策略来应用的手法，随着分析技术的进步，越来越被关注。在墨特里尼（Matteo Motterlini）的著作《情感控制经济——第一行为经济学》（『経済は感情で動く―はじめての行動経済学』（マッテオ・モッテルリーニ著，2008 年，紀伊国屋書店刊）中有这么一段话，如果想在 4000 日元和 5000 日元的产品中把 5000 日元的产品卖出去，可以设定 6000 日元的价位。下面介绍与此相似的设计营销手法。

该手法和情感经济学归纳出的"人类是不理性的"结论相同，抓住了人类不理性的购物心理。

购物预算原本为 3000 日元，却不可思议地花了 3300 日元，这是在商店反复出现的现象。以往的购买体验、记忆常常会使一些人对土特产、点心盒、礼品盒等物品产生"总觉得就是这样"的印象。如果购物支出在预算以内（为自己购买物品除外），大多数女性也都会感到满足，就像完成了一个目标一样。因此，应该制作出外观看似 3500 日元（但实际价格在 2500 日元左右）的简单礼品，请她们试吃，让她们确信你的产品味道毫不逊色，既便宜又美味。

例如，老店在销售新的羊羹套装时，除了外包装，最好认真地向顾客强调产品美味经久未变（强调的重点并不是包装设计换新，而是"美味经久未变"）。新店更应该在创作华丽包装设计的同时，致力于素材、烹调方法等方面的解释说明。

上文曾提到过的"黑船"，店门前挂着简约大方的暖帘。它是一家以售卖长崎蛋糕为主的点心店，店门口的庄严气息很贴近"点心御厨"的调性。它也售有长崎蛋糕和最中（日式传统点心，糯米红豆沙馅饼）、长崎蛋糕和 RASQ 等烤制点心的组合套装。去过自由之丘总店之后才得知，2500~2600 日元的礼品也相当精美。当然，也有价格昂贵的什锦套装。

以前笔者的办公室也位于自由之丘，经常会看到如下场景：女性们在买了2500日元左右的礼品后，还会为自己再购买一小袋或半份长崎蛋糕。这就是前文提及的"褒奖自己"。那么总额达到了多少呢？

•2580日元（不过外观看似为3500日元左右）+480日元（与价格无关，包装这么可爱的甜品在诱惑着我"快买它"，因此作为对自己的褒奖就买了吧！）=3160日元（不含税）

•2680日元（不过外观看似为3500日元左右）+600日元（作为对自己的褒奖，只吃一点美食）=3280日元（不含税）

加上"对自己的褒奖"之后，就会超过之前3000日元的预算。因此，在顾客购买了简单礼品之后，再让他们购买对自己的褒奖物品即可。

购买者并不知道商品成本、包装材料、人员开支，只会感觉"外观明显高端，赚到了"。如果礼品原本就是为了"虚荣"而买，那么只要"外观"漂亮便能合格。找到了所需礼品自然是自己的功劳。也就是说不考虑品牌，只要能让顾客觉得"这个价位、这种外观真的相当划算"，把该设计战略作为目标，产品就一定能快速畅销。

"设计战略""品牌设计管理"难以普及，设计师容易落入"设计的艺术化或新闻化"的陷阱中。从上述案例可以看出，实惠感（实际价格与外观价格之间的差价）在设计战略中尤为重要。如果设计能够富有个性当然更好（在本书中，个性=类型，价值=档次）。如果能正确处理设计战略与创造价值之间的关系，成效自然会显现。

特产设计更新的注意事项

"特产的再设计"作为一种地方创生政策，现在已成为一股热潮。无须亲自到访当地，在时尚的咖啡书屋、百货商店的地下街，就可以看到琳琅满目的"富有设计感的地方特产"。在此并未采用东北特色或九州特色的战略，而是大量采用了"具有特产气息的良品""量产产品所没有的（非工厂生产）手工制作感""手绘风格的设计（非高价印刷物）"，进一步拓展特产领域。

另外，也经常会有用 A 符号来体现 B 商品的品牌化，例如有品牌名称的"●●"推荐没有品牌名称的"××"，即所谓的"得到权威人士认证""获得金奖"。这些虽然不是上一章提到的"暂时性的设计"，但却容易变成"较为常见的设计"，并且缺乏扩展性，因此不太推荐。

也有仅凭借新理念、市场定位、品牌使命来展现自己的做法。例如，名声大噪的蓝瓶咖啡馆，就没有举办诸如邀请名人以增加曝光率之类的广告宣传活动。蓝瓶咖啡馆仅使用了正在滴滤的咖啡照片（加入到了蓝瓶咖啡馆的象征符号中），以及利用新店门口（蓝瓶子的象征符号在白色墙壁上十分显眼）的长队伍来体现其生意的火爆。

回到特产设计的话题。"特产风格的设计"为什么行不通呢？因为它在很大程度上会变成象征着"特产"的"无名品牌"，没有塑造出（有扩展可能的）标志、故事性。

上一章提到地域品牌设计具备

1. 地域性

2. 时间性

3. 扩展性

为什么第一是地域性呢？因为利用设计促使人们联想到地域或品牌是十分重要的。

正如北海道某产品、带有北海道缩影的北海道品牌等，地域性已经成为品牌或商品的身份识别。"北海道黄油""十胜黄油"的形象之所以合理，是因为商家考虑到了顾客会武断地产生错觉，"北海道拥有广阔的天然牧场，奶牛应该是放养的，牛奶必定香醇，黄油也一定很美味吧"。不过能采用这种方式的只有北海道、冲绳、京都，以及因宇治抹茶而闻名的宇治等，地域十分有限。北海道白色、黄色的形象深入人心，而宇治抹茶自然是给人绿茶和日式的印象。

虽然拥有当地无人不晓的特产，但因没有塑造、推广过品牌，无法宣称这是这片土地的"特产品牌"，这样的案例有许多。因此"网站上的购买按钮设置成什么颜色才能让商品最为畅销"这样有局限性的想法，以及根据 AB 测试选定设计的方法，都是危险而不可取的。

即便现在宇治抹茶不是深绿色这种明快的形象、色调，但也需要选择能够被多数人瞬间接受的形象和颜色，在思考味道、触感、文化、周边景色时，必须定好商品的主色调，并构筑品牌的形象。

如果一个地区有畅销产品，产品的颜色、调性将会吸引人们来到这片土地，甚至会为该地带来商机。设计的未来隐藏着巨大的可能性。仅凭个人喜好从备选设计中做出抉择，根本不可能成为优秀的设计。

富有地域优势的特产，能够最大限度地展现出该地的魅力，会让人们对未来的发展抱有极大的期待。即便今后要在当地召开大规模的招商会或举办万国博览会，也能采用已经制定好的设计战略来进行各种推广。

墨田区、日本桥被认为是东京新兴的工商业地区，其地域形象已经在人们的心中扎根。现在东京正在以这些区域为中心，努力恢复 "东京特色""江户特色"，拼命地营造失去的氛围，把"特色"重新添加到喧闹的街巷中去。

请大家一定要到日本桥的街头漫步。那里总有一样东西能使你想起"特色"，或许是那由笔直线条构成的格子设计，也或许是那藏蓝色底加白字的暖帘。这些都属于细节设计。为了恢复江户、东京特色，需要在由钢筋混凝土构成的高楼大厦中对十分细小的部分进行再设计。

既然是特产，那么所有的特产就不可能是统一的风格。采用的设计必须能够展现出你的街道特色和地域显著特征。

"价值在于小巧"的设计方法

在思考外在价值时，多数人往往会关注"丰盛（看起来很宏伟或很大）"。漫步于新建的商业步行街地下的甜品卖场时，可以看到包装精美的甜品争奇斗艳的情景。这些甜品的包装是由商家们费尽心思制作出来的，相当时尚，让人不禁怀疑"简易包装已成为过去"。在营造卖场氛围上也不乏高明之处。它们吸引了购物中或下班回家途中的靓丽女性顾客，为大家提供了充满活力的卖场体验。

人均消费额高的卖场会十分活跃地举办试吃试饮活动。给顾客试吃的产品尺寸较大，但商品本身绝没有那么大。这很重要，因此我会反复提及，虽然试吃的产品是大尺寸的，但是正品尺寸基本上都会缩小，这是现代日本"优良产品"的证明。

顺便说一下，许多女性毫不掩饰地称自己是"Pierre Herme Paris"的忠实粉丝。笔者也曾止步这家人气糕点铺试吃，也会冲动地买一整盒。提到 Pierre Herme Paris，我们便会想到如宝石盒一般精致的马卡龙。由此可见，数量精少，包装盒设计新颖，也会提升产品的内在价值。

这个品牌如此受女性欢迎，恐怕是因为小盒包装不会让人产生悲壮感。至于购物袋，任谁都能看出它"漂亮、时尚且讲究"。许多制造商认为小盒包装难以收回成本，因此往往会对设计、品质马马虎虎。如果对这几道工序精益求精，小小的包装盒也始终如一地展现出漂亮的设计，品质也丝毫不降低，那么顾客在重复购买小盒包装的过程中会逐渐成为品牌的忠实顾客。

需要赠送正式礼物时，比如需要用礼物渲染圣诞气氛的时候，人们会购买精巧而品质一如既往优良的"品牌"。对于那些懈怠顾客的品牌，不仅女性，就连男性也很少会舍得花大钱购买。

小包装、小商品从与顾客相遇之时起就要具备价值，这直接关系到能否获得顾客的信赖，能否与顾客构建良好的关系。

我对本章开头列举的女性购买情景进行了更详细的划分。

1. 老顾客 × 因为是优质产品（高级）所以购买

2. 老顾客 × 因为美味（个人喜好）所以购买

3. 老顾客 × 因为便宜（划算）所以购买

4. 新顾客 × 因为是优质产品（高级）所以购买

5. 新顾客 × 因为美味（个人喜好）所以购买

6. 新顾客 × 因为便宜（划算）所以购买

营销的基本用语中有 4P 概念。通过产品（product）、价格（price）、渠道（place）、促销（promotion）的营销组合，对目标顾客进行最恰当的引导。在思考以上 6 点时，设计可以同时采用 4P 作为引导。更简单地说，只需对尺寸过大、设计缺乏魅力的商品进行缩小设计，使其变得精致，便能解决现状中存在的各种问题。

试着从促销的角度思考。在缩小包装时，可以变更为以往不敢尝试的形状。只要能保有功能，便能自由地改变形状。使用不同的容器，或采用有趣的设计，都是尝试改变的良机。放弃邀请明星艺人来宣传的想法。让自己的存在变得"有趣""特别"，才是重中之重。

试着考虑一下价格。以往 270 克卖 400 日元的产品，在改变包装材料和设计后能卖到 1000 日元吗？明确地说，这是不可能的，否则，这不仅会招致恶评，还会失去信用。但改变设计，并且改变商品尺寸，市场便会焕然一新。

改变包装形状、尺寸、设计，意味着我们可以改变市场。如果你的商品具有潜在价值，并且充满独特魅力，想要提升品牌力量、扩大市场，那就立即制造小巧的商品，以新市场为目标，追加制定营销策略吧！

零失败的"小包装"设计过程

接下来就思考一下缩小商品（减少内装物分量）的步骤。为了避免失败，希望你注意以下三点：

1. 分开生产线

2. 进行阶段性的导入

3. 统合不同种类的生产线

我将分别对它们进行说明。首先是关于"分开生产线"的。

实际上，我见过的许多经营者，虽然都同意之前的工序，但一旦开展到"小包装"阶段时，就很难下定决心。在第 13 页中的"两种顾客"中曾提到过，务必要把现有顾客的消费行为印在脑海里。

如何为这些难以决断的经营者制造下定决心的契机呢？第一个方法就是"打造不同的生产线"。也就是说，保持现有商品的尺寸及发展状态不变，赋予产品其他的创意概念，形成新的生产线。在中小规模的商务交易中，如前所述，强化主品牌是必须要做的课题，并不推荐大家过度增加子品牌或埋头于缺乏长远考虑的扩大战略。

在这种情况下进行设计时，全新规划设计的生产线必须可以扩大规模，即容易规模化，或者做好在不同状况下都能有机展开的准备。在引进不同的生产线方面，一个极其容易形象化的普通例子就是"礼品套装"。即便产品和个别的商品相同，变成礼品套装的产品也要有所不同。例如，如果包装的设计是非常华丽的婚庆风格，那么分量少则代表了产品的优质，并包含了对顾客的尊重。

其次是"阶段性的导入"。

如果商品难以一次性缩小，可以逐渐进行改变。在标志设计更新或品牌整合的过渡期，也可以采取这种手法。步骤很简单，首先定好"目前的工作"和"最终目标"。重要的是，目前力所能及的事情和未来的目标要保持方向一致。

要使价格、标签慢慢地发生变化。不要从一开始就大幅度改变，以免遭受损失，可以让顾客有真实感，慢慢地接受变化。和 1 中的情况不同，在这个案例中我们要强化品牌，但不会过度地增加生产线。要事先预想到这些细微的变化在长期积累之后将会发生多么大的改变。

最后是"统合不同种类的生产线"。

这是最近最常见的手法。大家应该都见过，获得全国金奖的名牌大米每盒都采用迷你包装、成套销售的情况。严格地说，利用更高一层的范畴对不同范畴的商品进行分类时，各种现有的容量规格的意象就会逐渐消失，价格范围、销售渠道等魔咒般的要素也同样会变弱，因此能够将其重新定位成你想要的认知形象。

因此，当然可以说这三点就是全部，目标是提升品牌的价值、价格。在和生产者相关的环节中，价格和设计非常重要。如果内装物分量让大家产生了"太重了，带不回去"，"吃不了这么多"，"第一次尝试需要点勇气"等想法，那么无论设计师多么投入，多么认真，创造出了多么好的设计，也根本无法将价值最大化。包装的设计可以传达内装物本身的价值，包装设计原本就必须要有战略。

3　思考商品模型　其一

反复试制包装纸，逐渐发现品牌强项和应有的姿态

关于"可以传达内装物价值"的包装，有的经理会说"我们的设计是为了提高销售额"。的确，包装的作用之一就是宣传，这的确很重要。实际上，更新标志、设计品牌，或设计新标志时，购物袋、产品包装非常适合用来展现设计和测试设计效果。

在决定品牌的设计时，你是否只是简单地把标志贴在 A4 纸规格的介绍资料上？有没有实际做出包装样品，然后再确认品牌标志给人的印象呢？一旦决定了品牌标志的设计，就无法随意更改。

品牌标志的设计要能"传达内装物的价值"，更要包含"期待"，这是设计战略最重要的功能。在看见购物袋、包装时，能否让人联想到批量销售的专卖店？有没有打造出一流商店的格调？能否加深老店给人的庄严印象？我们要事先确认一下值得注意的调性。

关于购物袋测试，我在前一部著作《传播标志的基础知识》中也提到过，它和纸面展示不同，可以将包装纸形象化（也可以说成错觉）。而且关于包装纸，平面模型和立体模型下的图案外观（图 3）有着惊人的不同（详细内容请参看后面的购物袋测试项目）

如今，利用电脑、应用软件创作设计已经是常规，有的人只在电脑里做设计，不会做出原尺寸样品。但作为一名品牌经理（或设计总监），绝不能允许此类事情发生。通过实际试制样品看一下效果，这是基本前提。原本确信"这必定是优秀"的设计，但在取样中才发现它并不完美，预知这种风险就是设计所谓的战略。

图 3：通过标志模型化对包装纸进行设计测试。包装好后，盒子上的标志应当呈现什么状态？对此，要反复进行测试。品牌的印象会根据标志的排列方式、大小组合而发生变化。现在的流行趋势是，花纹细小、排列规则的模型适合保守品牌；不规则的图饰、大胆的空间留白适合现代品牌

爽快修改不妥之处

2015 年的 5 月，我在撰写本书时，有幸参观了中东迪拜的高级购物中心"The Dubai Mall"，以及与其截然不同的黑市般的亚洲购物中心。参观过这两个明显不同的购物中心之后，我深深地明白了什么设计能吸引富人阶层，什么产品能够在其他的阶层畅销。

简单地说，懂得鉴赏好物、经济富裕的迪拜富人阶层或王族，会选择设计档次高的好东西。

而亚洲购物中心里面的产品大多是艳丽的赝品，品质极低。许多产品的制作也很简易。加入了星巴克标志的 iPhone 盒子、卡通产品、品牌箱包，以及章鱼小丸子设备、华夫饼机等，比比皆是，一眼便能看出是赝品。认真观察的话，会发现很多不可思议的东西。这里所说的大多数东西，在你确认其功能和操作之前，就会发现其设计方案和逻辑的不合理。仅将从某处非法得来的图片或标志贴在简易的印刷品上，不能传递商品的价值，甚至让人无法瞬间得知它们是什么东西。

这些违法仿造品，给我印象特别深的是"品牌标志过多（因此外观很奇怪）的箱包"。关于标志的布局，首先应该明确我们要把它当作图形要素，还是品牌标志的特性。

我曾经负责过适合不同年龄段的优质高级基础化妆品的品牌设计，在项目初期加入了过多的标志，结果失去了品牌的个性。如果你是品牌经理或设计营销负责人，希望你一定要在若干个在全球广获好评的高级品牌专卖店购买正规产品，看他们把标志加到了哪里，又是如何被认知的。

赝品标志的失衡感和似曾相识感都透露出违和感。品牌经理、设计营销负责人必须对这种"违和感"高度敏感。最差的就是"低廉的既视感"。即便没有模仿，充满流行气息，但没有特征的设计，依然是最差的设计。如果是这样，还不如没有设计。

前面提到过多数人误认为"设计要靠感性和感觉"，但实际上品牌设计需要"观察事物的双眼"。无论是久负盛名的设计师，还是经验尚浅的设计师，我们都要判断他们创作出来的设计是何等质量，在市场上占有何种地位，能够营造何种氛围，这很重要。你能否果断地修改不被认可的地方，"爽快地忽略"耗费在上面的精力，即所谓的沉没成本，这很重要。

以设计的品质为优先，为了塑造别家公司望尘莫及的强势品牌，设立质量评估部门或招揽相关人才，此后一定会变得更加重要。

为进行购物袋测试而采取的布局样式

为了寻找品牌标志最佳方案，我们进行了购物袋测试，列举了 5 种正统的布局样式。除了购物袋之外，这种方法也可以扩展应用到透明文件夹或印花大围巾上。以下是布局样式的初级设计方案（图 4）。

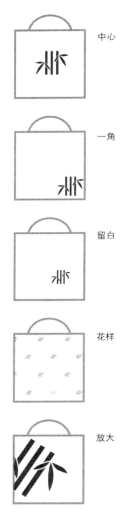

中心

一角

留白

花样

放大

图4：使用笹屋皆川点心店的标志
进行的购物袋设计测试

• 中心：把标志放在中央（例如：苹果、星巴克）

• 一角：把标志放置在角落或下部（例如：DKNY）

• 留白：灵活利用留白以加深印象（例如：蓝瓶咖啡馆）

• 花样：对标志进行花样设计，有规律地排列品牌图案，将标志放在不显眼的位置（例如：Pierre Herme Paris、三越、伊势丹）

• 放大（图形）：好像要溢出一样地放大标志，并且利用生动的构图对其进行布置（例如：MOMA Design Store）

我在前面几部著作中也曾多次提及，利用购物袋进行设计测试之所以有效，是因为购物袋无疑就是顾客"随身携带的广告媒体"。如果在此处进行标志的平衡检查，那么之后也有助于将其应用到网站的图标或标题上。

4　思考商品模型　其二

小卡片就是品牌证书

小卡片的代表有营业证、名片、价签、标签等。与充分使用了数字技术的广告，如增强现实技术（AR）相比，小卡片在功能方面都不算新颖，设计历史和意义也同样没有新意。因此，大多数人对它们的印象就是这是陈旧、毫无新意的人造产品或工业产品。

但是绝不可以轻视它们。如果即将要创立品牌的人同样认为小卡片陈旧，那便大错特错了。实际上，它是与顾客建立联系的有代表性的事物，仅需少量费用便能产生极大效果，夸张地说，它就是希望之星。

面对这些小卡片的设计制作，品牌负责人应该怎么做呢？答案就是尽量使其有与促销不同的目标。也就是说，这些小卡片的目标是成为"品牌证书"，而不是成为超市的廉价传单。

"设计的目标""设计的最佳方案"所追求的，是如何提高设计功能和情感上的价值。关于这一点，我在与调性相关的拙著《畅销设计的策略》中详细地进行了说明。而且我对该书中没有提及的要点进行了补充，尽量增加适用设计的媒体、工具的种类，通过统一设计的调性，使"品牌证书"的威力发生很大变化。

想卖出去或希望别人购买，包含这种意愿的印刷物本身的存在价值就低。请观察一下支撑全球市场的品牌，如香槟品牌、宝石制造商等的小卡片。

自己的商品是在何种背景下诞生的？谁初次发现了它的价值？受到过哪一位世界名人的推荐？在什么地方可以买到？或者说，自己的商品具有什么功效？拥有什么样的效果？能使全世界多少人变得幸福？利用"合适的字体"，用新闻工作者特有的方式详细地写出来。这些就是自己的商品的存在价值。

"小卡片就是品牌证书"，这种作战方案并非只有在高级品牌中才适用。对于所有想要提高品牌价值的经营者来说，它的通用性很高。

可以观察几个新兴品牌。有的品牌在上市之后的 10 年内，在全球市场持续扩大，有机化妆品和天然化妆品就在其中。有的品牌的市场增长率惊人，商品的吊牌、迷你小册子等显然成为"品牌证书"。吊牌绳子、纸质的选择也很重要。

和海报、室外广告牌、购物袋不同，一定要整体把握手中的小卡片，确认目标设定是否正确，能否设计出可以证明自身的证书。

品牌设计的字体——超基本的三原则

越来越多的人开始关心字体设计。实际上，仅仅改变字体，品牌给人的印象便会大相径庭。

和所谓的"喜欢的字体""喜欢的版式"不同，我们考察的不是文字的设计性，而是功能的通用性，以及它们能以多大规模被使用。也就是说，无论是纸质印刷物、店铺广告牌，还是最适合智能手机的网站，都要从字体的可用度方面进行考察。应当注意的是以下三点：

1. 在创立品牌时思考"合适的字体（主字体）"；

2. 从品牌领域、故事、成长战略中选择"子字体"；

3. 使行为规范、品牌使命达到统一，规定"禁用字体"。

按照顺序分别说明一下。首先是在创立品牌时思考"合适的字体（主字体）"。

如果把品牌比作生物，那么字体便是输送血液的血管。有粗有细，根据需要分工合作，有时存在的意义很大，有时又默默地发挥作用。如果它们没有顺畅地连接在一起，那么功能性便会下降，信息也无法正确传达。

不论是平板电脑、智能手机，还是台式电脑或视频领域，技术革新都促进了显示器的进化，也拉大了品牌在品质管理上的差距。与外观可以不拘泥于"美观""鲜明"这种想法相对，世界品牌在踏踏实实地持续努力。

假设你是设计师，应当使用字形好看的字体；如果你是品牌经理，在制定设计指导方针（总结了设计的运用方法）时，要事先理解它们的权力关系，即使用范围。

要想提升档次，就必须运用高品质的字体，必须让顾客产生"感觉良好""如果是优品，即便昂贵也想买"的想法。如果敷衍地使用平衡感差的字体，随意处理品牌信息，那么品牌必将落后于世界市场。

其次是从品牌领域、故事、成长战略中选择"子字体"。

关于对字体的使用范围的理解，希望大家再记住一点，那就是品牌内部的功能作用。相当一部分人深以为品牌字体只能使用一种，但从品牌的企业体制、发展历程、未来姿态等方面考虑，准备多种字体是非常现实的设计系统，是营销的框架，甚至可以说是品牌的品质管理。

但是实际上，许多品牌都不能坚守自己制定的规则。有时是无法单纯地遵守，有时是因为艺术总监和设计顾问制定的"主字体"需要巨额的花费，或者根据设计指导方针只指定了标题字体。在这样的案例中，可以说设计指导方针本身就有缺陷。

最后是使行为规范、品牌使命达到统一，规定"禁用字体"。

它与规定应该使用的字体同等重要。仅字体使用这一项便能动摇品牌的形象。但同时它也是使低迷品牌重获新生的良药。无论是制造商还是经营者，都必须遵守这个原则，同时，确认自身所处的位置也很重要。

随着品牌定位改变，字体也会跟着变换。例如，美国谷歌重组后在设立控股公司"Alphabet"时变更了品牌标志"Google"。红、绿、蓝、黄，人们熟知的色彩不变，把字体从衬线字体（文字线端带有装饰）变为无衬线体（黑体），强化了 Alphabet公司的标志，增强了设计的亲和力。苹果曾经有一段时期也用衬线字体做广告。在乔布斯回归后，这些字体全被更换，形成了现在的产品标志，实现了向 iPad、iPhone 等使用的无衬线体转变，迎来了黄金期。

无论是谷歌还是苹果，都利用字体的设计印象来传达"我们是更加崭新的企业"，以吸引消费者，还趁着事业扩张、拓展业务的时机改变了字体，而字体正是企业改变形象的关键。如果继续使用传统的衬线字体，很多用户或市场会难以瞬间识别出它们的变化信息。

如何不为不断变化的广告趋势所左右？

广告和科技的融合备受赞扬，并且实现了飞跃式发展。相应地也出现了新广告手法，如集客营销、原生广告、品牌化内容等，而且从很早以前开始就已经是视频广告、内容广告的时代。如果你不是品牌负责人，拥有大量广告经费，公司近期就要上市，想要 Web 服务的用户量剧增，那么在付费媒体（收费媒体）上插播广告，效果无疑最佳。

我对"品牌新闻学"也很感兴趣。彻底告别所谓的自我推荐，让他人挖掘自身的魅力，并通过他人将魅力传播出去，这俨然是社交时代的一种传播战略。

广告业界的流行趋势一个接一个地出现又消失，新的手法层出不穷。品牌负责人应该努力使自己成为趋势潮流，而不是发愁应该追随哪一种，因此每次对广告手法做一下取舍即可，应该花费心思在其他方面。

没错，产品拓展、色彩管理才应当具备一贯的战略性。产品的颜色原本就要紧贴品牌理念和品牌故事，因此问题就变成——什么样的颜色才能表现品牌理念和品牌故事。关于品牌的用色，我们有以下提议，即"明确身份特征，制定设计指导方针"。

你的公司在制定好设计指导方针后是不是没进行过任何修改？今年春季的潮流色是什么？到了秋冬季又会如何变化？应该如何提升品牌形象？你是否已经采用了这种战略呢？

希望大家能把花费在广告上的时间转移到产品开发上，把 O2O（Online To Offline，线上到线下）营销模式里的有效色彩战略纳入产品拓展中。

日本市场有四季变化，有期初期末，有送礼季，有年末年初。同样还有圣诞节和复活节，也有万圣节和情人节。为了最大限度地运用品牌的色彩，可以考虑使用搭配品牌主色的辅助色。希望大家考虑加入富有季节色彩的战略（框架）或色彩系统。

5　利用设计传达品牌信息

利用品牌识别开展宣传活动

我们来梳理一下"品牌"和"宣传活动"的关系，换言之就是"品牌化"和"宣传广告"联合的品牌战略。在许多案例中，多数重视"品牌"的战略都不会考虑宣传活动。

宣传活动基本上以"告知"为目标，而品牌却是经过多次对话往来与顾客构筑"关系"，使品牌成为对方的价值，即特别的存在。前面提到所有的小卡片都可以作为"品牌证书"，由品牌经理决定哪个工具用到哪一方面。

我经常接到 A4 纸大小的广告传单，但可以想象人们认真阅读的可能性相当低。传单委托者大抵上是认真严谨的总管，或过于繁忙的商业人士。在这种情况下，我们会询问以下问题：

"这是用到哪方面的？"

"我怎么觉得好像为哪家公司做过呢？"

"信息不会过多吗？大概有多少人看呢？"

"传单是发了很多，但人们在回到公司或回到家后会再看一次传单吗？"

"首先要创造购买契机吧？"

"人们能记住品牌名（公司名）就好了，对吧？"

"顾客已经知道这个品牌了吧？"

"实际上大家还不太了解这个品牌吧？"

但是，之后得到的反馈大抵相同："虽然如此，我们也没有办法。"

在这种情况下，我会举一些常规案例给他们参考。所谓的"常规案例"，实际上，时期、阶段不同，纸张规格、页数也不同，但大体特点如下：

• 不是 A4 纸规格的传单、小册子；

• 乍看之下很时尚；

• 在展览会等活动上拥有压倒性成果的"其他公司案例"；

• 制作费不多，但外表看着很高级；

• 样品数量少，但人人想要；

• 人们得到后会先珍藏起来，并收纳在方便取出的地方；

• 内容简单易懂。

以前我会推荐使用具备以上特征的方法，从未被负责人拒绝过。在活动基本结束后，还会得到负责人的上司、经理或经营者的赞赏。因为这些方法有数据和真实感，能让人们看到产生的效果。

对于刚才所列举的特点，不重视设计的主办人会说，"就算设计很漂亮，但也增加不了用户"，"宣传活动办得轻松一些，着重强调亲和力吧"。但真的是这样吗？

"设计很漂亮"只是片面的个人印象，并不具体。重点并不在于设计与否。如果设计与其他战略结合后能产生效益，那么此类论断就会减少。而且，时间越久，来自设计成果的经济效益越好，轻视设计的人也会越少。

巧妙设计看似质朴的品牌信息，以引人注目

"只有时间和存在才能使产品具有价值和意义"，更简单地说，有的信息只有在某段时间之后才能传达出来。借用拥有重大影响的人的"存在"难以证明自己的"存在"。简单来说就是，起用名人、明星的品牌认知和宣传方式原本就有限度。

笔者不推荐"借用名人"之类的营销、广告手法，并不单单因为成本问题。"时间"战略性被切成碎片，记忆被断开，形象无法凝聚，这才是我不推荐的最主要原因。

在人脑中留下记忆的多数瞬间，视觉和情感是配套的。有的人会感动于美丽的风景而拍照，大声欢呼；而有的人会悲伤地观看日落。但是以一般的心情看风景的人却不会留下"那天的记忆"。因为传达到情感上的信息很有限。

多数品牌信息并不是一种夸张的"规则"。我们难以一次性地有效且经济地向非特定的多数人宣传品牌信息。品牌信息本来就不可改变，即便花钱请明星来反复宣传，明星可能会更有名气，但品牌信息很可能传播不了。

如果难以一次性地大量传达，那该怎么办呢？一个确切的答案就是"坚持"。坚持使用品牌标语，坚持使用载有核心形象的品牌手册，坚持使用品牌特有的图形，博柏利的格子图案大衣就是坚持的典范。

与欧洲相比，日本存在着很多长寿企业。直至今日，那些传承百年甚至好几百年的老店已经渡过了多次经营危机。

现代的广告手法（非手绘广告牌或传单）逐渐演变为商业印刷、网页宣传，也就是近十几年的事。网络界的动向变化之快令人瞠目结舌，仅追赶潮流就需要很强的专业性，要耗费大量的人力、物力。

各种变化令人目不暇接，想在这千变万化的世界里制造出经久不变的东西已

经很难。从设计、促销的意义上来说，更新为流行事物十分简单，而坚持则需要战略。

对设计精益求精，把品牌识别持续应用到促销季上

"品牌推广"是一项可靠的投资，需要踏实的努力，但多数企业和服务者无法下定决心推广品牌，这是因为他们缺乏设计方面的战略意识。看见百货商店举办"七夕"活动，自己也跟着举办"七夕"活动；看见城市的灯饰变成了圣诞风格，自己也装饰上圣诞老人和圣诞树。

被周围的氛围埋没的话，促销费用永远都是一次性花费，确立不了品牌价值（品牌资产。品牌所具备的各种无形的资产价值）。

把品牌识别战略纳入全部的年度促销和公关时间表中。例如，把标志应用到七夕流行元素中。Google 的活动标志便是简单易懂的示例。虽然每天都是纪念日介绍，但他们做的是自己公司标志的二次创作。使人们辨认"Google"的影子，倒也很有趣。

圣诞节也一样，不要总用老一套的素材，试着把圣诞节元素添加在自己公司标志上。要使颜色和周围的圣诞色彩（即红色和绿色）不同，灵活运用自己公司的主色，在上面添加圣诞元素，或做成靓丽可爱的圣诞风格。

我来介绍一下"微起泡纯米微浊生酒续"，实际上，它作为圣诞、春节的常用产品进行了个性化定制。冬季限量版比夏季爽口的冷酒（微起泡）略微柔和清淡。包装设计不变，只是改变了颜色和中心图案。它正是含有多个标志的动态识别（在维持识别的同时改变了标志和象征符号的系统）案例的拓展（图5）。

图 5：酿酒厂丰岛屋总店的"微起泡纯米微浊生酒绫"的夏季瓶和冬季瓶

模拟环境、重力、密度——从标志设计扩展到包袱皮、布手巾、围巾、印花大手帕设计

在设计领域，把标志应用到"布制品""日用品"的延伸设计十分盛行，具体来说有布手巾、印花大手帕、包袱皮，以及领带、围巾等。我在最近的拙著《视觉营销战略：用视觉的力量解决问题》一书中介绍了一个创意，为了纪念咨询公司的标志设计五周年，我们把标志提花运用到领带的制作中，将其当作礼品赠送给客户。

如果是富有商业意识的优秀创业家，他们会更加了解将自己公司的标志延伸为提花花纹的妙趣所在。

同样，在繁华的三越日本桥总店，大家可以买到"原创包袱皮精装"（付费）（图 6）。

图 6：三越日本桥总店的"包袱皮精装"。细小的波尔卡圆点花纹，又被称作鲨鱼小纹（江户小纹），乍看之下好像是纯色的，是江户东京元素（要素）的延伸。而且和纸质包装不同，它可以被反复使用，由此产生的互动式效果十分令人期待

　　包袱皮、布手巾、印花大手帕都是人气精品。入境消费、个体消费自不必说，在女高中生等年轻人中也很有人气。在这个时代，对于标志设计我们要扪心自问，为了成为值得他人喜爱的"产品"，我们能在多大程度上改变自己呢？

　　现在人气乐队的主力商品，也是带有标志的 CD 唱片。能增加西餐馆销售额的，也是用带有标志的时尚包装包裹着的打包食品。无论是全球知名的 IT 企业，还是以流线型的高级轿车为主力的汽车制造商，都会把"带有品牌标志"的钥匙扣、甜品当作礼物赠送给特别的顾客。

6　化灵感为实体

什么是创新性跳跃思考？

日常生活中不乏"创新性跳跃"。但是除了广告制作者以外，很少有人能明确指出"这是创新性跳跃"，因此你可能忽视了日常生活中出现的"创新性跳跃"。

用数式来表示创新性跳跃，也许更加简单易懂。也可以用坐标轴。假设出发点（即问题点）为 A，目的地（即到达点，问题解决后的状态）为 D。如果思考方式符合逻辑，有条不紊，过程应该是 A → B → C → D。而在创新性跳跃中，B → C 会变成 C → B，或者会经由原本不会通过的 X、Y，a、i 等路线。

也就是说，进行创新性跳跃时，顺序可以随意颠倒。有人经常把创新与艺术混淆，创新性、创新力并不是模糊不清、带有意外性的事物。在商业项目中，创新性跳跃意味着能以意想不到的方法解决问题。

明明进行了创新性尝试，但问题仍没有得到解决，销售额也没有提高，那就意味着没能进行创新性跳跃。我希望大家能这么理解。

在上一节列举的案例中，笔者提到了"微起泡纯米微浊生酒绫"，它是拥有 460 年历史的东京老牌酿酒厂丰岛屋总店所酿造的微起泡酒。其制法与香槟相似，因辛辣、度数高且曲子味道醇厚而深受"爱酒女性"的欢迎。

从产品开发到上市，作为设计负责人，我参与了整个过程，其中实际上有数次"创新性跳跃"，而每一次都发生在战略性设计基础之上，但也有"偶然跳跃得又高又好"的时候，这绝不是夸张。就用刚才的 A → D 过程进行说明吧。

一边进行产品开发，一边解决 B2B 全新开拓中所遇见的问题。如果打算在有女性兼职生、女性派遣设计师参与的项目中制造出"可爱"的产品，可以在削减包装材料成本的同时做出全新商品（此处指代替包装材料的礼品专用印花大手帕）。

由于业务机密，无法全部公开这些案例，但它们多亏了"创新性跳跃"才实现了目标。如果你热爱学习，想必已经对正向日本进军的设计咨询公司IDEO公司在设计思维方面的研究有所了解了吧。

笔者就"如何运用设计思维"这一课题举办过多次研讨会，对相关过程、策略进行过解释说明。之前说过创造性和艺术是两码事，创新性跳跃的关键就是"看清目标"。实现目标的方式相当独特。"无论如何也要达成目标"，如果连目标也没有，那就不可能出现创新性跳跃。

先定义好问题，解决问题的方法是不断跳跃的。相反，也有不跳跃、能够逐渐解决的方法。这就与"U型理论"联系了起来。U型理论在此不做陈述，感兴趣的读者可以自行查阅。

下面就列举几个最容易发生"跳跃"的情况。第一个就是人与人之间的对话，即"会议"，"小组讨论""头脑风暴"就是最具代表性的例子。人们的思维方式不同，不同的想法在偶然有机地"思维结合"之后，便能带来"创新性跳跃"。

第二个是"意外性"。从毫不相关的事物中引导出新创意，让思维跳出现状。如果"会议"产生"思维结合"，那么从意料之外找出解决方案，就是"意外性"产生的创新性跳跃。

第三个是"偶然性""突发性"。创新性跳跃大多出现在多次尝试后偶然出现的结果中。无论画家、摄影师还是设计师，多数获得成功的人都会百般尝试。量变引起质变，创新性跳跃就是这句话的写照。

在和设计师、设计总监或设计学校的学生进行讨论的时候，经常会有把视觉与色彩相结合的不合逻辑的对话，而从这些不得要领的对话中会偶然迸出创意。

如果会议时间紧迫，还废话连篇，自然会令人反感。不过，如果时间富裕，大家可以畅聊，像玩词语接龙一样把视觉形象串联起来，这也不失为一种好方法。

"说起来有这样的呢"，紧接着就会关联出"也有这样的呀"。再接着就会有"虽然不相关，但我想出了这个"，"很久以前我就注意到这个了"，"没错没错，以前有这样的"，"实际上之前我想要这样的"之类的想法。这样想必所有人都能轻松地产生创新性跳跃吧。

解决问题的设计

在上一部作品《视觉营销战略：用视觉的力量解决问题》（CrossMedia Publishing，2014 年）中，我以错觉和视觉决策为重点，讲述了"设计在商业上的重要性"。"体验设计"既是"错觉"的起点，又是其主要案例。

在上一节"绫"的案例中，商家利用创新性跳跃设计出了"体验"，从而改变了市场和商品定位。因此，很多问题都迎刃而解。但实际上很多人无法将"体验设计"形象化，无法实际感受设计出体验是怎么一回事。

通过框架、图解进行逻辑思考，从而"解决问题"，许多人认为这样的手法不仅简单易懂，而且具备实践性。在笔者主办的设计研讨会上，许多商业人士提出了相关的意见。

"有些事情虽然无法理解，但如果解决问题的手法十分明确，那么便能轻松地应用到自身的问题上，因而能付诸实践"。创造部分几乎完全相同，通过应用到自身的机制结构形成创意，在理解的基础上引起共鸣。

我们来复习一下之前所述的创新性跳跃。

•结合：从已有的手法、简单的创意等元素中选取三个以上进行组合，从而创造出新创意的"三点组合解决方案"。

•量变引起质变：进行多次尝试，从而提高质量，就好比量变质变规律。

•偶然、意外性：从看似无关的切入口寻找解决问题头绪的"角度变换定律"。

凭借这三个组合能够形成的创新性跳跃大致有两个方向。

1. 突破：注意到物体不同的方面，产生近乎完美的创意。明确易懂。

2. 创新：设计出不同种类或与现在的选择不同的具备综合性的生产能力的组合。

通过设计解决问题的方式正在向"体验设计"转变，这是不容争辩的事实。如果把设计思维运用到更加具体的小问题的解决上，那或许就是"创新性跳跃的方法"。我在本书后半部分也会介绍，如何在组合使用极其普通的解决方法的同时，使成果富于创造性。

突破、创新、创新性跳跃，三者的共同点在于它们都是逻辑思维和突发性事物的组合。希望大家能够在日常生活中不断锻炼，而不是将其当作一生仅一次的挑战。也可以把逻辑性换为计划性，把突发性换为偶然性。

简单地说，就是类似于把读后感描绘成图画（而不是文字），用文字（而不是图画）书写观画感的训练。召开头脑风暴式的会议，把内容总结成一览表或图表。把一览表、图表、数据库可视化或抽象化，同样属于此类训练。

如果你是实务家，善用表格，追求数字精确，要求设计师提交逻辑合理并可行的策划书，那么在同时设有美术馆和与设计相关的设施的西餐馆即便感到不舒服，也可能会模糊地认为"这只是一种感觉"。

利用意外的线索轻松地找到答案，这样的案例有很多。如果不知道突破、创新性跳跃，很可能只能获得平凡的灵感。

那么突破究竟是什么呢？其实就是轻松地解决难题。从可想象的事物中找到精简的解决之道。

来看一下"提高销售额"的解决案例。

（方法）改变看法→改变外观、形状→改变销售对象→畅销

（左脑作业）把握现状和目标

（右脑作业）寻找可以成为灵感契机、解决问题头绪的"视角"或"盲点"

（左脑作业）整理，使其可视化

（右脑作业）不整理，随意地使其可视化

这个时候希望大家亲自实践一下词语接龙。为了做好词语接龙，平日里就要注重创造性，与创造性词语接龙玩得棒的朋友、同事交好。为了应对紧急情况，多留心周边的事物，多注意百货商店的橱窗，经常去逛逛那些受欢迎、需要耐心寻找的书店。

把不完备的创意当作精髓予以吸纳

世界著名的设计师前田约翰（来自 Wired 访谈，2012 年）曾说过，设计师和艺术家的不同点在于设计师创造出来的是"解决方案（答案）"，而艺术家创造出来的却是"提问"。也就是说，艺术家在头脑里创造出"？"，而设计师提供"解"。

虽说如此，许多非设计人士还是面临着难以直接用设计解决问题的状况。这是因为他们误认为设计＝灵感，不懂得解决问题的关键，即创新灵感和决断、测试（制作样品）、精加工。接下来列举一下设计开发阶段其他的重要事项。

•阶段 1：创新水平。可以不完备。

•阶段 2：决断水平。认真谨慎、有不走回头路的觉悟。

•阶段 3：测试（制作样品）。可以不完备。最好在该阶段提前发现大的缺点。

•阶段 4：精加工。摆脱不完备。集中去除不完备的地方。

也就是说，不论品牌还是其他事物的设计，都不可能从一开始就出现完美的灵感。踏踏实实地在每一个阶段补足缺点即可，很多情况下，事物都是在吸纳缺点并超越之前以后才变得富于创造性的。

大多数富于创造性的人都会巧妙地与"不完备"共生。

使好创意完美地着陆

"不完备"才是创新的出发点，才具有无限的可能性，也就是说我们需要具备补足缺点的强大着陆能力。喜剧演员的表演有时会得到认可并受到大家欢迎，有时也会被观众抨击。两者大体相似。

必须吸纳不完备之处并有效地灵活运用，目标也必须更加明确。反过来说，当目标有不稳定要素时，吸纳不完备之处本身就存在着危险。

如果你想吸纳不完备之处、想瞄准高目标，那就必须把目标设定得完美精确。通过宏伟蓝图整合品牌整体，这就是设定目标。更简单地说，就是只有持有全局观才能自由地、敏锐地根据时代需求不断磨炼设计。

7 制作何物？制定什么样的战略？

不以完美为目标，安全快速地进行测试

虽然渴望品牌化能立即实现，但我还是要安全快速地进行测试，然后利用很少的开发费用一边获得确证一边继续前进。一个个问题得到解决，阶段性的导入逐一实现。如此一来，无论制造商还是企业，都可以利用设计更新实现品牌化。

"快速样本"的手法在产品设计领域相当适用。在软件工学领域，"敏捷开发"就相当于快速样本。它们的共同点就是一边测试一边开发，不断试制，不断向前发展。

数字印刷带来了技术进步，与此同时周边环境也发生了巨大的变化。巧妙地利用这些改变，它们将是说服心急的股东、投资家的最佳材料。现如今，只需再多投入一点印刷成本便能快速获得小批量的精美印刷品。组合使用高效的设计开发和试销，实时（与气候影响、市场动向等相对照）调整清晰的改善提案，使其变得可行。

以笹屋皆川点心店为具体案例，我们几乎没有做过色彩校对，只是反复地做出试验（试制）品，将其带到特产展览会等小型市场上。

这并不是小规模企业的独有特权。我反而觉得这是更适合于大企业的方法。它的的确确减少了时间成本，降低了发展方向错误的风险，而且进行现场测试的次数越多越好。

希望你能回想起新产品开发或导入新设计时的"场景"。想必你也有这样的经历吧，最初的时候百思不得其解，明明多次修改，又多次请他人修改，可还是没能

做出令人满意的设计，项目组的某人（拥有审批权的董事或你的上司）又迟迟不给答复。

这是因为你从一开始就要求绝对正解。明明不尝试就不会明白的事情有许多，但你由于过于畏惧失败而停滞不前。如果难以做出决断，可以跟对方说先测试一下，或许他们就会赞成。

在进行设计更新、品牌重塑的时候，我想再次强调一下价值创新，因为从长远来看，它是新设计的生存战略之一。无论你更新的设计多么优秀，无法描绘"品牌未来"的设计的寿命都将很短。当然不能只依靠印刷费的降低，必须让设计的品质得到绝对的提高。相关的设计战略（我在上一章曾提过），正是为了巩固强化笹屋皆川点心店而非仓村包子。

这当然不单指纸质媒体的设计。拿更新网页来说，重新看一下 Web 服务器（租赁服务器）的合同之后，你会发现继续使用同一服务器是最贵的，而更换服务器的话，不但运营成本能够减少，而且能够使用的服务器的规格也会提高。类似这样的事情想必你也遇到过吧。智能手机、固话的合同也同样如此。

设计更新也一样。只是持续使用 10 年前、20 年前的设计，不仅会降低品牌形象，也有可能使传播功能劣化。

现在你应该投资的设计是能够进行品牌化的识别设计，因为它是品牌重塑的剧本，就像成长战略一般。

利用媒体模拟来模拟战略

决定好品牌的调性、主视觉后，在检验购物袋、智能手机网站上标志的适应性和识别性时，建议对能想到的全部广告计划媒体进行某种程度的模拟。

为了确定品牌的调性也可以进行媒体模拟，不久之前美国公开了飞跃发展的病毒式媒体"BuzzFeed"的醒目广告语的惊人测定效果和转型。

这正是上一章所说的在"目标明确"的前提下敢于尝试"不完全性"的案例，是促成创新性跳跃的策略之一。你可以把自己当作目标顾客，测试自己会点击哪张图片，是眼前的美女写真图，还是流露出可爱眼神的毛茸茸的宠物的图片，又或者是清新可口的果汁的图片。"不尝试的话，永远不会知道"。

以上所说并不局限于网络媒体。有的广告在电视上播出时显得格外难看；有的室外广告牌被压坏后人们就无法看见广告内容；有的广告印在 T 恤衫上后，颜色变了，图案完全看不懂：类似这样的事情有很多。如果你重视创新力，那么在你下定决心百般尝试时就已经充满了创新力。

换句话来说，未经过测试，仅靠想象便能大致知道变化后的模样，这种产品的创造性可谓极低。究竟会变成什么样谁也不知道，这样的挑战才会隐藏着创新力，就连那些前所未有的创新也并未脱离整体趋势。想要传达给顾客、想要超越自己、想要与顾客联系起来，符合目标的创新力才是最棒的。只有具备战略性，创新力才会变得自由，其不完全性才有可能成为武器。

产品（产品设计）落地

从 2D 变为 3D 的时候，也有创新力来自于不完全性的定律。不言而喻，这时候就需要进行更加严格的功能性测试。

如果你想制造出简洁考究、富于创新力的产品，在创意成功落实、确定好设计目的和目标之后进行测试（制作样品），这将是非常重要的环节，松懈于此的话，产品将难以取得成功。

最后，思考方式和刚才一样。

• 阶段 1：创意的水准。可以不完备。

• 阶段 2：决断的水准。认真谨慎、有不走回头路的觉悟。

- 阶段 3：试验（制作样品）。可以不完备。最好在这个阶段提前发现大的缺点。
- 阶段 4：精益求精。脱离不完备。集中去除不完备的地方。

把不足当作机会

在把偶然的灵感、创意成功落实的过程中，决定方向尤为重要。有趣的创意、新颖的设计、非专业人士构想出的建筑物、非设计相关者创作出来的标志徽章等都有一个共同点，那就是所有不完备的事物都具有更大的创新力，面临着更具突破性的机遇。

我至今仍清楚地记得，在我还是设计师助理的时候，当时的广告主大户，也是广告制作中的佼佼者，都聚集在宣传部开会，深受他人信赖的制作人在席上说了这么一番话。

"设计师进行创作，或即便不是设计师进行创作，都没那么难。难的是如何快速地向着目标前进。"

这句话并非只适用于之前所述的新产品、新设咖啡馆。如果你负责的产品、品牌现在是有不足的，那么从创造性的层面来说，这也正是它的机会。如果"品牌的设计必须完美"，那将很难前进。

补充不足是吸取新创意、新设计的机会。它可以使我们的设计过程变得更加精彩，下一个问题会为我们打开希望之门。过于完美的事物反而会加速终结。

关于品牌的设计，如果你问我成功的秘诀，我会回答"放松，不用过于完美"。不过，目标必须要明确。换作你的品牌也是一样，不足之处正是机会。

设计开发

第 3 章　设计的产生过程

1 摸索——联动周边信息和设计理念

选择中心图案

为何而设计？我们并不是无意识地去设计某样东西。为何选择那个设计？必须要明确这些最基本的事情。定义设计中心图案在识别设计中极为重要。

如果你是设计委托人，请查明设计的根据，弄清楚设计的整个过程。如果不能冷静地看清问题根源，我们便会迷失目标，方向也会出现错误。

如何才能避免设计构思模糊、设计概念模棱两可的问题呢？在设计选择这个大森林中，不迷路的秘诀就是找到坚实可靠的方向（关于设计方向在拙作《畅销设计的策略》中有详细说明，感兴趣的读者可以阅读参考）。

如果你没有从零思考过设计，请尝试下面的 1 到 4。经过该过程开发出来的设计将在各种工具、媒体、商业扩张中发挥它的无穷威力。

1. 确立（绝对正确的）方向。

2. 目标到达率的确定。

3. 档次和类型的设定。

4. 调性的形成。

设计师创作设计的过程不一。即使作品因创作者而充满了个性，但如果你在理念、方向上足够坚定，那么它们便能带来安定感，这样产生的作品丝毫没有违和感。

在数字化、网络普及之前，还有能画 100 个被称作小样简图的"Design

knock"，如今，利用图片版 SNS，即拼趣（Pinterest），产生联想的设计师也不在少数。

有这么一桩往事。那是某位社长借企业网站更新之际，委托我对新设计进行"同行评审"时发生的事。该社长对我说他看不懂该设计。看到新设计后，我发现他们公司把鸟的图片应用到了活动标志中，但企业方不明白为什么设计师会把鸟当作中心图案。

我很在意，便搜索了一下图片，发现一排排免税商品使用类似图片，十分畅销。这个网站使用的"鸟"则是复写反转后的图像。或许是设计师没有考虑活动主旨、企业识别，在收集到能立即应用的素材之后便创作出了"鸟"。"原来如此"，社长露出了释然的表情。哪方面不好，其原因已经相当清楚。

纵观笔者遇见的"无法理解的设计"，大多数是

• 中心图案有违和感（因此无法理解）；

• 没有通俗易懂、能被当作"优点"的地方（因此无法理解）；

• 由似曾相识的既视感产生的不协调感（因此无法理解）。

虽说喜欢不需要理由，但大多数令人无法理解的设计没有一个值得他人喜欢的理由。

不过这类事情在向笔者咨询的企业中非常常见。因此，在设计更新之际，举办意见听取会极为重要。

"这家店的店员制服为什么是格子花纹呢？"

"这队的赛车服的锯齿状线条代表了什么呢？"

"这家店的点心包装上的图案是什么呢？"

请观察一下那些拥有强势品牌的制造商吧。在苹果的产品或产品目录、网站，都会出现被咬了一口的香蕉或鱼的剪影插画。

图1：金子牧场更新后的新标志

　　希望你确认一下自己的身份识别是什么。然后再环视一下整个设计，一旦找到无关的中心图案就立即删去。

　　在后面的章节中也会提及会津下乡的"金子牧场"，我来介绍一下它的设计更新过程。应用到新标志上的图案很明确，就是牧场主金子先生和小牛犊的剪影，还有牧草。每一个图案都取材于当地，把实际存在的事物忠实地还原到图形上（图1）。多余的图案一概没有。

　　我来列举一下容易成为标志、身份识别的中心图案（表1）。

　　建议大家认真考虑象征符号以外的图形。尽量以派生于标志、身份识别的图形为中心，路易威登（LouisVuitton）、FAUCHON（馥颂）就是很好的典范。它们有效活用自己原有的事物，因此可称得上是最佳方案。从有效活用身份识别的意义上，我想在下一节中的形态部分重新确认一下现有的身份识别。

主题	示例
来源于创业宗旨、视觉的象征符号或图形	苹果
创业地点、地区等地方的风景	KFC
与创业服务相关的数字	7-11
企业名的首字母大写	HP
把原材料（如果是抹茶甜点就画茶叶）图形化	布克兄弟
使用图形化的道具等	蓝瓶咖啡馆
把由来、逸事图形化	星巴克

表 1：容易成为 LOGO 中心图案的主题和示例

考虑平衡

如果你希望象征符号、标准字在未来可以扩展，那么我推荐那些能够在某种程度上保持良好平衡、标志组合（标志锁定）可自由发挥、可变度高的象征符号和标准字。

理由很简单。打破了平衡的设计可以随时变为"可扩展的图形"。平衡感超高的标志在艺术、静态的场景中也许会有视觉冲击力，但可以预想到在可扩展的识别设计中它的拓展模式将十分有限。

笔者最近在研究山口县防府市的城市品牌项目"幸福品牌的设计指导方针"。在该项目中，我建议对这些缺乏平衡的标志进行分解并模块化。原创标志可以维持原来形状，在新项目中系统采用更加方便、具有通用性的设计（请参照第 4 章及 33 页"设计指导方针"）。

位于日本列岛本州最北端的高尔夫球场"夏泊高尔夫林克斯球场"的象征符号

图2：夏泊高尔夫林克斯球场的象征符号组合方案。通过该标志的组合模式我们得知，象征符号、标准字可以拥有各种形态，属于"可变"元素

就是以简化的山茶为中心图案，再配以"夏泊"的"N"、"林克斯球场"的"L"。我们通过在当地的实地调查得知，原本该高尔夫球场在当地被称作"椿山高尔夫球场"，因为在这片高尔夫球场附近生长着大量的野生山茶。这些都是我们在东京银座事务所了解标志更新一事时全然不知的信息。

标志的设计越简单，其视觉冲击力越强，如果平衡感良好，也更容易组织。如果能描绘出三角形的平衡感，象征符号和英语的组合将更为洒脱灵动（图2）。

我希望所有与设计相关的人士都能记住，标志不单单是一种形状。在所有场所，它就是物体存在于此处的证明，是品牌的联想装置。

设计师的职责并不是创作出独一无二的图形，而是要使能连接未来各种可能性的形象丰满起来，把它变为充满希望的宏伟蓝图交付给企业。如果品牌价值这一灯火之光消失，那么重生的设计为我们描绘出的未来会使它变大变强，使它重新燃烧，温暖人们的内心，点亮充满希望的未来。

随着标志设计传达效率越来越高，普及速度越来越快，人们常常要求它具有时代冲击力。通俗地说，就是标志不能常常改变，但设计的流行趋势却常常变化。为了使所有媒介保持新鲜度，时代要求我们把标志设计作为系统牢牢握在手中。

使用字体

为了使品牌更具价值，建议把无意义的图形、没有来由逸事的中心图案全部删去。同样，我希望设计师能把与品牌相关的意义、关联性赋予到全部字体上。

需要注意的是，诸如"因为这种字体具有流行氛围"，"畅销广告的广告词曾经使用过这种字体"等，在与其他品牌的记忆相关、似曾相识的时候，很容易就会采用那种字体。我们要使品牌更具价值，从这个层面上来说，我也不推荐设计使用多种毫无意义的字体。

如果是小众品牌，工具制作、媒体曝光、子品牌扩展会受到限制。此时，大多会使用富有特色、令人耳目一新的字体。

图 3："金子牧场"使用的具有特色的 FF Bokka 字体。非常规的是 in-line（双线）等变化字体，字体粗细不变

如果是摇滚艺人的唱片封面设计，可以选择奇特、不能扩展，即没有字体系列（在同一设计中，把粗细、字形不同的多个字体归纳到一起）的字体。也适用于卖点小且稀少的事物，如家族经营的西餐馆、牧场等（图 3）。

与此相反，扩大商业规模的项目如果选用了"又小又尖"或"奇异特殊"的字体，那设计反而会成为事业的绊脚石。也就是说，大品牌、经营范围广的品牌，必须选用具备字体系列的字体。即便使用同一种字体，多数字体的设计也能够进行多次微调（图 4）。

Futura Family

Regular

1234567890
ABCDEFGHIJKLMOPQRSTU

Bold
1234567890
ABCDEFGHIJKLMOPQRSTU

Futura Family (Sample Text)

FOOD FAIR
FOOD CALAVAN
FOOD BRAND CAFE

FOOD BRAND
FOOD BRAND PROJECT
FOOD BRAND SELECT

Live Event
Information
News Release

Contact
Access map
Event Schedule

图 4：福岛美味项目使用的 Futura 字体，除了常规、Bold 字体以外，还保留了多个粗细、变量化设计

可扩展的品牌字体的选择要点如下所示：

1. 是选择黑体（无衬线体）还是明朝体（衬线字体）= 确认不变的事物；

2. 是选择新时代开发的字体还是老式字体 = 是保守还是进攻；

3. 字体是否有系列（粗细等变化）= 经营领域是否广泛；

4. 是否考虑可视性（通用字体）= 目标受众是否广泛。

也就是说，如果以可扩展的标志设计系统为目标，就不能把非大众字体作为主字体。也许有人认为，如此一来选择范围会变窄，难以显露出设计师的能力。实际恰恰相反，不使用出奇的字体，不使用与众不同的插画，打造、扩大品牌的世界观，正是"艺术总监的职责"。品牌不是个人的宝石盒。在商业领域，它是广泛通用的证书，是王牌。

2　创造——明确方向，提高创新力

定义色彩

品牌色彩管理除了决定颜色,还要把与选择和限制相关的定义语言化、调色盘化,将其整理成一套指导方针,以便使用。

色彩定义模棱两可的品牌，是指使用的口号及广告标语没有新意，适用于任何品牌，没有将存在意义语言化的品牌。例如，仅用热情红、科技蓝、环保绿等语句来表示品牌颜色的话，由于逸事的广义性（所有人都能使用）、颜色定义的不特定性（红色也分深红、鲜红等各种红），品牌颜色无法发挥作用。

品牌设计的语言化非常重要，它不仅能明确为什么会变成那样的设计，设计属于谁，如何向他人展示这些颜色，想引导谁等，还可以为各种传播方式添加必要的充分的定义。

这些正是指导方针的职责。通过限制颜色形成世界观,从而产生创造性和影响力。正因为限制了色数，品牌设计才具有意义。胡乱使用多种颜色的做法则不存在任何战略性。

仅使用一种颜色（一色战略），使用色数有限的调色盘（多色战略），利用调色盘控制所有颜色（调色盘战略），这里每一种方式都具备战略性，并指明了方向。

来看一下之前列举的金子牧场的品牌色彩的示例。剪影图形（象征符号）和日文标准字的颜色，取自于金子牧场精心养育的泽西种乳牛。绿色代表干草，大片留白代表新鲜的牛奶。毫无目的的选项一概没有，全都具有意义（图5）。

CF10182　　DIC169　　MILK WHITE

基本的标准字

基本的标准字（牧草 A 版）
※ 希望设计展现华丽风格时

基本的标准字（牧草 B 版）
※ 希望设计拥有冲击力时

基本的标准字（牧草英文版）
※ 想要提高新奇小赠品的价值时

图 5：金子牧场的标准字。有基本版、改变了牧草搭配模式的 A 版和 B 版、英文版，主色设定为
3 种颜色

JKA 摩托车赛的品牌色彩在正式竞赛中以使用的"赛车服"的 8 色进行扩展。这几种颜色全部有名称。

粉色 =Pink Storm（粉色风暴）

橘色 =Burn Orange（燃烧的橘色）

在摩托车赛中，粉色代表胜者。在当天的预赛中，获得第一的人将身穿粉色制服从最末尾开始。黑、白、红等颜色在摩托车赛中是大冷门颜色，是在预赛中成绩平平、在让分赛中从竞赛的领头队伍出发的赛车手的颜色。这使人回想起了法国举办的人气自行车赛——环法自行车赛的惯例，个人综合成绩第一的选手会身穿被称作黄色领骑衫的黄色衣服参加比赛。

粉色象征着浪漫爱情，绿色象征着生态环保等，我不建议此类赋予颜色有限形象并将其应用到商业情境中的做法。该颜色为谁而存在，它的意义何在，明确这几点十分重要。

注重质感

比起实际触感，质感在品牌中的定义更倾向于营造品牌的氛围。分两步对其进行定义，会更加通俗易懂。

步骤 1：品牌营造的氛围（为了营造氛围而带有质感）；

步骤 2：为了使品牌与时俱进、不断成长、获得新生，而附带在艺术要素上的事物。

会营造品牌氛围的质感是何物？难以想象这的人可以回忆一下街头的咖啡店，这样便容易想明白。销售快餐、简餐的小店是不是总给人滑溜溜的感觉呢？而揭示了有机、第三波咖啡浪潮等新概念的店家采取的形象战略，则令人回想起有机棉花和粗涩的木头纹理。

以界面设计为例，也比较浅显易懂。留白和柔和光线交互作用，字体为稍细的无衬线体，采用的色彩色数虽少，但很鲜艳，与时髦的灰色的搭配也十分协调，这样的设计给人简约明亮的感觉。以人气网络服务为核心的界面设计，都以"新奇""轻柔""时髦"为卖点，给人感觉就像加了优质涂饰的铝制品、塑料制品。

全屏使用光线柔和、令人感觉舒适的图片，使用手绘风格的字体，充分把握潮流趋势，从这样的网站中又感受到了什么呢？

木桌摆放有序，马克杯里盛满了有机茶水。桌面是天然木质，水果没有打蜡，散发着天然的果香。这些形象自然不会产生工业制品的气息，很容易给人留下手工制作、有机天然的印象。这也可以说是"滑溜溜的品牌"与"天然品牌"的差别。

服装品牌的整体氛围相当重要。在全球实现飞跃发展的"无印良品""优衣库"，它们的质感就很明确。无印良品和有机、第三波咖啡浪潮比较相似。除了标志中令人印象深刻的红色之外，优衣库的世界观就像硅谷的 IT 企业一样。

品牌持有者要自觉地意识到自己的品牌属于"滑溜溜"还是"天然"。通过对印刷物的纸质进行选择，大家就会明了。如果适合使用光滑的纸就选择"滑溜溜"，反过来，如果适合使用触摸时指尖能感受到质感的纸就选择"天然"。

把形态形象化

在笔者接受的设计咨询中，很多时候我会对那些为设计形象烦心的顾客进行如下二选一的提问。

我会列出几种建筑样式，请顾客选择适合自己公司的建筑。摩登新式化建筑和兼具古典、巴洛克风格且样式富于变化的建筑，你的品牌适用哪一种呢？更直截了当地说，就是你的品牌是哪一种风格？是洗练清秀还是别致优雅呢？

大家应该还记得伦敦奥运会的会徽是什么样子吧。所有竞技场、仪式典礼上都会出现那种特意用锯齿状打造出的带有粗糙感的字体，这种字体被作为"开放源码"公开，在当时可谓是划时代的尝试。这一会徽非常具有特色，在电视转播中观众能立即识别出来，"啊，是奥运会相关的新闻"（图6）。

同样是体育界的话题，耐克的标志是如同流水一般的流线型，而且采取了"NIKE"的字体排印，给人的印象鲜明清晰（图7）。

二者择其一，舍弃一个。除了这一极为简单的训练以外无须"锤炼"。从某处捡来的石头突然展现了品牌力之类的事情是不存在的。但是即便是捡来的石头，你是把它磨圆磨光呢，还是把它磨得像尖锐的刀具一样？石头经过某一道工序也许会发生变化。而选择哪一道工序全凭品牌持有者的意愿决定。两者皆用等同于毫无改变，品牌也不会走在流行的前沿。

图 6：2012 年的伦敦奥运会会徽，锯齿状的字体十分具有特色。位于特拉法尔加广场

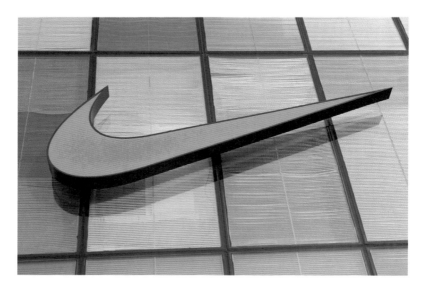

图 7：耐克的标志，流线型的尖锐感令人印象深刻

3 分类——根据范畴、档次、类型划分，删掉无用的方案

高档感仅因留白而改变

在新旧标志混用的品牌转换期或变革期，我们需要设计指导方针来帮我们整理繁杂的工具。存在多个没有整理的子品牌的品牌也一样需要整理。必须对品牌保有的全部工具进行设计的"裁员"。

没能统一品牌形象的企业，其设计的战略性很弱，无法对混杂在各种工具内的优良设计和非优良设计进行分类，无法进行对比判断。也就是说，不懂得如何分辨设计的好坏。为了辨别设计的好坏，首先要常常自问"为谁而设计"，然后确认"顾客阶层"以明确"对象"。

即使是相同的设计，使用方式不同，给人的印象也会大为不同。留出大片留白的设计能十二分地表现出对象的价值（档次感）。与此相对，留白少的设计却无法令人感受到价值（图8）。

观察图8中的两幅图片，很明确的一点就是，尽管这两张标志的尺寸一般大，但视觉上却不一样。右边的标志是不是看起来更小呢？相对于图案要素，空间常常会更具影响力。

图 8：四周留出大片空间的标志和缩小周围空间的标志。实际上标志本身的大小没变

确认档次提升战略

随着市场全球化、多语言化发展的加速，越来越多的品牌需要利用设计来表明自己是"优品"并"拥有优良客户"。笔者把这种如同区域防守的设计想法称作"档次提升战略"，并认为它将是设计更新的重要课题。

尽管产品富有竞争力，但由于给人的第一印象不好，无法设定恰当的价格，明明是好产品，却一直打不开销路。在这种情况下，就可以使用"档次提升战略"。

大多非设计专业人士并没有把设计看作设计。简单地说，就是人们会根据"第一印象"和"周边背景"来"观察判断"该事物。人们会根据第一印象判定事物，很难脱离第一印象。

也就是说，多数人在看到某事物的瞬间，得出的结论与价值判断直接相关。换句话说，开头相当重要，以后想要改变恶劣印象真的是难上加难。

多数"优秀设计"是为那些能够理解设计内涵的人而作的。不过现在的市场要求我们以"设计"达成成果，对于那些不懂设计的人，如果也能让他们认为该设计是"优秀设计"就再好不过了。即便他们不能理解何为优秀，但为了能让大众觉得"感觉很不错"，"功能优异"，"虽然不太懂，但觉得它很棒，想把它立即引进我们的卖场"，必须制定设计战略。

事先准备好宣传要素、体验，以及周密的剧本。该惯用手法正是设计的传播管理战略，使顾客对事物产生档次感，"好棒"，"看起来好高级"。

提升档次感的最简单的方法便是字体设计，喜好暂且不论，多数人容易持有以下认知。优雅的衬线字体要用于高级酒店、会员制俱乐部或王公贵族的御用品牌等。

TRAJAN PRO REGULAR
CLASS OF DESIGN STRATEGY

Helvetica Neue
Class of Design Strategy

图 9：能使多数人感受到"档次感"的字体示例。上面是衬线字体 Trajan Pro，下面是无衬线体 Helvetica

如果没有在色彩上做特殊处理，那么在与其他字体做比较时，设计师、非设计专业人士一定会从中感受到"档次感（高级感）"。

和衬线字体拥有同等档次感的字体，还有兼具通用性的无衬线体，如 Helvetica（图 9）、Frutiger 等。

战略性设计并不是指只有专家才明白的难懂的设计。重要的是给那些没有学过设计的大多数人留下好印象，增强视觉冲击力，让顾客产生期待。

利用档次和类型指明设计方向

对人类进行本质评价的评价轴之一就是"好 × 坏"，与此相对，对设计战略进行评价的评价轴之一就是"档次"。相对于"好 × 坏"，另一个是"喜欢 × 讨厌"（类型）（参照 156 页）。可爱、柔软等充满了善意的感情也是评价轴，讨厌、肮脏等感情也属于"档次"（图 10）。

原本利用设计迎合人的喜好，就意味着该品牌不会扩大目标受众。这是一种

Harrington
Class of Design Strategy

Bokka Outline OT
Class of Design Strategy

图 10：令人感觉可爱、柔软的字体示例。上面是 Harrington，下面是 FF Bokka Outline

不强求他人喜欢的战略。只有不强求受众人群的产品、品牌，才能迎合特定人群的"喜好"。

就多数设计而言，非设计师、非设计相关者，无法对设计的好坏做出专业评价。"总觉得不错（或不好）""不知不觉就喜欢上了（或者从一开始就感到厌恶）"。

好坏与喜恶虽然相关，但在多数情况下一个人的"喜欢 × 讨厌"有时会超越产品品质上的"好 × 坏"认知。人的情感和视觉记忆紧密相关，看过一次讨厌的东西就会形成消极的情感留存在记忆中。

我经常告诉年轻的设计师"不可以凭自己的喜好去推测设计"就是这个缘故。应以目标受众、市场定位等营销指向为优先，控制好喜恶方面的平衡。例如，如果比率是"好 × 坏：80%""喜欢 × 讨厌：20%"，那么在设计相关概念、价值观方面，能达成合意的比例将剧增。

如果是往来时间短的顾客，建议在着手制作之前，先在口头上达成一致，去除"一定会被讨厌"的 20%~30% 的部分。然后把"类型"即"喜欢 × 讨厌"的要素加入到剩余的"不讨厌"范畴里。可以事先把多数人感受到的优点全部加入设计方案中。

零基础创造设计虽不易，但也不难。如果你是设计师，能够自己明确档次和类型的方向，并能和顾客达成一致，那么你一定能发现划时代的解决策略。

如果你不是设计师，在决定设计方向的时候一定要使用该方法。你能亲眼见证无须重做、满意度高、能使多数人获得幸福的原创设计顺利诞生并成长的过程。

4 导入——思考导入阶段性的剧本（时间性的设计）

品牌标志的潜力

如果是能使多数人获得幸福的原创设计，时间无疑会有助于品牌形成。时间与品牌价值的培育密切相关。

在这里我们要重新试验标志设计在系统扩展方面的潜力。

设计在营销传播方面的大目标，就是获得与投资成本相称的成果。除了媒体，设计的使用范围有多广？能产生多少体验价值？设计的资产价值与此密切相关。

"设计是资产（不是易耗品）"，笔者如此定义是因为设计是可扩展的系统，这是前提，是绝不能被疏忽的战略。

在下一节中将介绍包括标志历史在内的内容。敝公司负责设计的"福岛美味"的标志系统历时4年，其颜色、形状在咖啡馆、宣传活动、颁布会等新业务、新服务中逐渐改变，得到了灵活的运用（图11、图12）。

图11：福岛美味
标志的扩展版。
摄于福岛美味咖
啡馆活动

图 12：KIKI SAKE BAR 的织锦和"令人兴奋的味噌课堂"的菜单。织锦的主色是高雅的黑色，为单一色调。菜单里的绿色标志取代了原来的"FOOD BRAND"

与项目联系起来，培育设计的版本升级

如果你想让标志设计持续进化，那就需要定期地重新评估设计。目的是根据时间变化保护正确的设计价值。新品牌在项目开始之后的一段时间内，外部概况就会发生一些变化。

笔者从 2012 年开始担任"福岛美味"项目的艺术总监，并趁着福岛县内特产展览活动向县外扩展之际，开始着手研究如何使项目形象更加充满希望。

当时的活动主题是"福岛的美食 FFDFAIR"，后来随着县外活动增加、网站拓展和商业扩张，逐渐变成了"福岛美味 FOOD BRAND PROJECT"。

2013 年，大多数媒体主要使用"标志锁定"，即把醒目广告词、相关团体名称组合在一起，后来逐渐不再使用（在某个特定的时期开始出现效果）。待到项目顺利开展，标志更加简化时，仅以象征符号为主。

在这个案例中，多家制作公司也曾从各种立场出发制作广告，其中也有需要反省的地方，如工具设计的品质没有保持一贯性等。但公司在反复修正方向的同时，沿袭了最初的使命、愿景，我认为这值得赞扬。

可以说，从特产展览活动的举行到多个项目的展开，识别设计在反复微调的同时得到了持续发展，可谓先行典范。这只是开始，识别标志的形式今后会越来越多。

本项目从挽回受损声誉到支援经营者，实现了品牌资产的确立。设计从创立到持有更加鲜明的形象，正在向简约的方向迈进。我们要根据社会变化、时代变化，每隔数年进行一次标志设计的版本升级。

地方项目本身就难以各自持续发展，中途退出的公司也有很多。只要不胡乱地改变形象，在传承守护的同时改变自己，那么认知度便会悄然提升。

5　扩散——思考设计规划

强化品牌的设计规划

标志设计、识别设计的成功与宏观设计（导入标志时的整体计划）的品质相关。也就是说，从一开始是否努力去有计划地创作可扩展的优势设计，是否能与它相适应，会极大地影响成果。

从导入到运用，反复进行验证—计划—验证—计划的反馈循环。"循环"这一表达用在锤炼设计、开发优势识别设计上或许不太恰当，但设计的好坏最终都要通过尝试去判断，"不尝试就不知道"。利用适当的反馈、测试进行模拟，非常重要。

为了制造出完美的产品，大致需要以下三个流程：

1. 进行设计研究、实地调查；

2. 商讨、开发设计战略；

3. 设计计划（样品设计 & 产品测试）= 进行反馈循环。

大家可以这么认为，这是使模糊不清的事物变得简洁清晰的工序，能磨炼出柔软事物的韧性。

关于设计创作方面的"灵感""构思"，也有许多专业人士使用的逻辑、技术与笔者不同，但关于反馈循环这个环节，不言而喻，越是突然创作出来的事物就越不可以省去该环节。

思考设计的规则性和一次性

具备先行性的识别设计典范以海外品牌为主，它们会通过许多媒体介绍城市计划、美术馆等事物。有的品牌在拥有多个标志的同时，也保持着身份识别，有的品牌会利用空间定位打破平衡、改变形状，有的品牌的色彩、触感富于变化。

令人意外的是，在国内的设计新闻、设计媒体中，"识别设计"并没有引起注意。大多是因为国内的商业习惯、商务情况与国外不同，比起主品牌、项目名称，商家们更想宣传单一的产品名称，销售子品牌，想要做出使产品立即畅销的广告。比起历时多年的品牌宣传活动，他们更看重季节性的替换剧情、替换明星的商业广告。

在该种营销方式作为主流的情况下，即便促销活动礼品是大手提袋、日历，也鲜有委托人会订购彰显品牌的设计。我们大多会给大手提袋添加代言人、季节限量版等活动图案。

"设计不应当是一次性的"，即便设计没有使用品牌标志，至少工具也可以系列化，我们可以通过设计的"规则性"多次制作工具。

这里所说的"规则"就是制约、限制，而创造性的关键正是束缚。以刚才的大手提袋为例，试着给本章开头部分所提到的"中心图案"施加限制（设计的规则性）。如此一来，同一中心图案经剪裁、图案化、旋转、扩大、缩小，便可以扩展为一个系列。

除了大手提袋，日历、海报、网页的顶部横幅也属于同类情况。多数人认为标志是附加物，拼命地寻找标志以外的"设计要素（素材）"。

其实品牌正在使用的、足以表现品牌的中心图案就能用来拓展。如果追求与用户的相关性，那么用户手里持有包含"品牌标志"的物品绝对是好事一桩。

以标志、身份识别为中心图案，即便对它们施加限制，它们也仍有可能拓展成多个设计（图13）。

图 13：利用金子牧场的标志制成的大手提袋的模拟设计。由此得知，即便只使用品牌标志，也有多种设计可能性

如果不假思索地把品牌标志"均衡地"居中或左端对齐，那么设计则陈旧老套。即便只有标志可用，但如果你的构思自由并富于创造性，也很有可能在某一时刻创造出崭新、具有视觉冲击力的设计，或者充满灵感的多个设计版本。

要制定设计指导方针而非设计说明书

之前包含标志用法在内的识别设计的思维，都过于把重点放在"束缚、拘束"而非"自由"上。令人感到可惜的是，我们把精力都放在"禁止规则"而非"创造性"上。

不是设定禁止事项，而是通过设计指导方针，使用自己的标志自由地设计，如此一来就没必要在有限的时间内焦急地寻找标志以外的中心图案。

我们可以通过形式化更容易、更高效地创造设计，如名片、事务性文件、经营计划书使用的广告策划方案的封面等。

有的产品需要更自由、更具视觉冲击力的设计，如大手提袋、日历等赠品，活动使用的吸引消费者的新产品广告板等。

重要的不是"应当形式化"。形式化能否产生更好的结果，选择恢复形式化对品牌是否更加适合，这些都是我们应当考虑的内容。

展开图形

"设计的扩展性"的关键就是我们应当如何考虑图形要素，以便瞬间或永久地充分发挥标志的识别功能。

设计通常被视作一个整体，但如果你把它当作阶段性的小构成要素，尽量以小单位去重视"所有"意识，你会发现世界会因此而改变。

以往在品牌的设计指导方针中，关于识别设计的图形要素，都是仅用极小的篇幅写在相当靠后的部分。但是，在思考未来的设计时，因图形要素接近主体，其重要性将会增加。

金子牧场大手提袋的设计模拟曾多次被作为参考，我们还以它为例，重新思考何为图形要素（图14）。

首先，分解象征符号和标志，日文、英文和搭配的牧草也能被分解。最初在创作标志、思考品牌本色之时，进行分解以便观察标志的精度。这也是使标志设计一直保有"本色"的战略之一。

图 14：试着分解大手提袋（模拟）的设计

6　展开——对品牌设计再定义

思考设计模拟以提高识别度

我们应当如何拓展标志设计呢？在制定设计指导方针或更早的时候，进行设计模拟是获得可扩展的标志识别系统的关键。

标志设计的拓展期不一定是商业的扩张期。这是因为在多数经营战略中，除了扩张期，在投资新产品之际也会对标志进行简单的再设计，或者进行品牌整合。

在实际情况中，多数经营者会投入相当多的劳力为多数产品分别创作标志，对主品牌却有些敷衍。

制定的设计战略方案必须使品牌能够顽强生存。因此，我们需要把精力倾注在主品牌的标志设计上，时常关注拓展模式的动向及变化的可能性。

以下是在笔者负责一家高尔夫球场和温泉胜地的设计更新时发生的事。在网站首页、商务宾馆和高尔夫球场的标志设计已经决定好的时候，企业却决定变卖。

在以上案例中，进行收购的一方会谋求更高的效率，并已经持有宏伟的经营计划。

预见到市场变化的设计模拟也很重要。从初期设计开始，在拓展、调整的过程中把"茂盛的牧草"形象追加为图形要素，从该图可以看出，牧草在身份识别与市场动向上产生的巨大改变（图15）。

在初期设计中，牧草就像装饰花边一样比较简单。而在设计更新的图样中，强调了有机、天然的市场定位。这是为了接近那些更加注重自然思考的消费者。

图 15：金子牧场的图形要素"茂盛的牧草"变为繁盛野草的设计模样

实际的设计变化只是增加了牧草，但这对于展现出野生牧草的设计来说，意义重大。

制作出多个方案以便决定采用哪种设计，这只是我的个人想法，我不认为这种方法不好，甚至认为可以大量制作出与各个方案无关的设计。

优秀的设计可以很好地支援经营者，可以把时间当作伙伴，是超越时间的生存战略。如果你想创作出优秀的设计，与其把精力倾注在制作多个设计方案上，倒不如把时间与精力倾注在其他方面，诸如拓展测试、通用拓展，以及市场动向和设计在时间上的匹配度调查、产品拓展和设计的通用性调查等。因为对于经营者来说，它们会成为选择设计的参考资料，甚至成为对设计有益的经营契机。

品牌设计再定义的时机与要点

何时是对品牌设计进行重启和再定义的最佳时机呢？按理说，如果该项目或该项目团队有充足的资金，制作团队有绝佳才能，而且交付日期、交付目标绝不更改，只要进行逆运算，选定天数即可。

不过实际情况如何呢？与预算大小、项目大小无关，所有品牌设计都与瞬息万变的市场、翻滚起伏的流行浪潮、千变万化的技术、毫不固定的消费者的兴趣爱好等息息相关。正确地说，我们必须时刻面对包含着这一切东西在内的"时间的流动"，并维持生存。

从这层意义上来说，品牌设计的再定义不同于四年一次的在世界某处举办的奥运会、世界杯等活动，而是像电脑应用版本升级一样必须不断地进行小的改善。

何为动态识别设计系统？

本书所提到的会成为资产的设计是指"生命力顽强的设计战略"，如同会呼吸、沐浴着阳光进行光合作用的植物一般，能随着品牌不断成长。

一定会有人难以理解设计拥有生命、会不断成长这个比喻。事实上，许多世界先进的咨询公司都开始注重"设计思维"，开始收购设计公司。为了使品牌成长，我们需要的是长存、动态、可扩展的设计。

设计的"动态"，这个词在互联网领域被称作"响应式"。抛开互联网不谈，随着时间流逝、企业成长，以品牌化的视角去思考适应任何环境的设计，才能成为可扩展的标志设计系统，这也正是本书不断追求的目标。

有的人觉得将战略与设计结合起来会有违和感，我担心他们不能理解设计作为动态事物存在的意义。如今，设计的目的、设计拓展的环境，都在迅速变化。

经久不变的东西固然优秀，但多数跨越数朝数代艰难存活下来的老店、企业或生物，都会从变与不变中做出选择并不断进化。企业的设计、服务业的设计，现在也迎来了这种时刻。如果无视品牌概念、识别设计，那么在未来的10年、20年，就会很难提出全球化的生存战略。

第 4 章　可扩展 & 动态识别的应用

1 思考瞄准未来的标志识别

如何提高标志识别的精度

我们来重新确认一下标志设计中的要点。立足于品牌管理，或者对于想要培育品牌的经营者来说，标志设计中最重要的要素是什么呢？辨识度高、美观、含有本质的差别……要记住，我们要创作的是以标志为起点的"识别设计"，而不是暂时性的设计。

从"识别设计"的角度来看，我们需要的是更前卫、和以往不同的思维，即制定能应对"时间流动（市场、事业因此发生变化）"的战略。

仅从静止画面去捕捉标志设计的话，很有可能就把不同于品牌的背景、故事或未来的一面特色化。但也可能被框架束缚，迷失了成长变化的未来姿态。

笔者负责的甜品老店"银座立田野"的品牌项目任务艰巨，必须在有限的时间内完成"重生"与"新发展"。为了使品牌在短时间内实现拓展，设计除了美观、简洁，还必须重视功能性。

银座立田野的功能性标志设计更新的过程如下。首先把这家老店的标志分为身份识别（立田野标准字）和图形（枫叶象征符号）。为了突出品牌的优势，删去了枫叶的象征符号。也就是说"枫叶"这一图形是品牌中位于下级的不可视要素，而我们要突出的是"立"。

"立"这一符号是创业者"立田野关"的词首，表示年糕捣臼。图形虽简单却非常日式，也充满了个性。

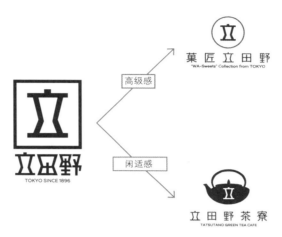

图 1：在银座立田野更新后的标志设计中使用"立"的符号，创作出具有高级感的"点心工匠立田野"标志和具有休闲感的"立田野茶寮"的标志

其实在品牌项目中，也准备了用罗马字书写的标志，也创作了可能成为主品牌的标准字。为了突出品牌的更新感，在导入初期还一并使用了英文标志。但是，用得越多，就越会觉得这就是自己想要的设计。这次也不例外。

身份识别明确也可以认为是设计的基因明确。优秀强大的基因在任何环境中都能生存。它们可以在各色市场中通过各式媒体进行拓展。在持有共同的象征符号"立"的品牌中，"茶寮"利用茶壶的具象图案来营造可爱、休闲感，而"点心工匠"的标志则用圆圈把"立"圈起来，显得更加优雅，确立了更高级的品牌生产线（图 1）。

也就是说，在识别设计的应用过程中，我们常常需要从"瞬间"和"持久"两个方向细查设计中的重要项目。换言之，我们必须同时且尽早地模拟第一印象良好的事物，以及预测未来各种事情发生、时代改变和市场变化时的感觉。

不要等到花快要开时才准备花瓶，最好事先准备好与盛开的美丽花束相称的花瓶。

预测未来可能发生的事

我们可以预测到未来吗？答案是"可以"。我们会持续关注感兴趣的事物，不会一直关注不感兴趣的事物，而且你原本就不会去看不感兴趣的事物。视线常常藏有通向你所期待的未来的线索。正如开头所写，我们用设计来制作流程，今天在过去的日子里无疑是开启未来的第一天，迈向未来的道路都可以设计出来。向左，向右，还是向正中间前进？你注视的前方是哪里？选择权在你自己手里。

除了选择道路，我们还能选择未来。例如，创造扩张战略之类的经营手法，以及"水平统合战略""垂直统合战略"……

立足各种各样的案例，可以说设计基本上处于成长状态，和描绘事业扩张的草图一样。创业基金投资者曾就创业说过同样的话。

"如果从一开始创业目标不是发展，那么这个公司就成不了大型企业。"

图 2 是云通信服务企业"NEXLINK"的标志色彩的变迁图。这家企业通过刚才列举的"水平统合战略"统一了集团企业的标志。为了在全企业上下沿袭蓝色形象，变更了标志中的主色，视觉识别（VI）也一并被变更。在该案例中，蓝色系列的方案实际上从一开始就是对设计指导方针的模拟。而且，在"NEXLINK BASIC"的开始阶段，超越"BASIC"的服务，如"ENTERPRISE"，以及版本降级的"FREE"等，都设有应对未来的指导方针。

图 2："NEXLINK"的标志色彩变迁图

图 3：持有应对未来的指导方针的标志识别

　　如此一来，它们便可以随时应对紧急服务，也不用勉强更换工具形式，就可以顺利地开展新业务。

　　在可扩展的识别设计系统中，即使出现新业务也不必慌张，因为我们已事先考虑到各种情形，只需静静地增加业务即可（图 3）。

目前媒体的最佳适应性（响应）和未来的扩展性（可扩展）

　　除了智能设备，网页设计的主流还要考虑在未知设备上的阅览。能够应对所有利用环境的网站，即"响应式网站"，已经成为新网页设计的主流。

　　令人意外的是，标志设计的负责人应当做的事情依然是把象征符号和标准字组合成标志。负责人要致力于下面的启蒙。

　　在事业发展的各个阶段，要把媒体效果最大化，利用标志、标准字把身份识别最适化。换言之，不仅仅是网站，能够宣传品牌的所有设计原本就需要做好万全准备，可以随机应变地去适应所有状况。

　　20 世纪 80 年代后半期，日本出现了第一次企业标志（CI）设计热潮。从我自

图 4：没有规定标志符号位置的摩托车赛的设计指导方针。中心、右下角皆可

身的经验来看，这已经是很早以前的事了，因此难以再去真实地体验它。但 CI 设计
手册及"标志必须在右上角"等统一的习惯，无疑产生了深远影响。它们会随着带
有 32 页左右的公司简介的扉页，或者带有扉页的文件夹，一块被塞入事务所文件柜
的最深处，整理起来不仅麻烦，修改还得花钱，不会发挥任何作用。它们非但没有
指明活用设计资产的方向，还变得像束手束脚的"设计的值班人"一样。

在笔者现在负责的设计指导方针中，决定标志位置的品牌差不多要削减 10%。
如果企业没有聘请设计师，那么有标志位置决定环节的品牌更能保障标志的精度。
反过来说，如果富于才能的创作团队隶属于该企业或该项目，设计指导方针的规定
相对宽松，或者完全依靠广告制作者的创造力，这样反而更有益于品牌的认知、飞
跃（图 4）。

还有对传统媒体的适应性。例如，宣传活动必不可少的"幡旗""腰封"，必
须对这些媒体工具进行所谓的纵向位置构图和横向位置构图。纵向位置比横向位置
更难取得平衡。银座立田野的咖啡馆品牌之一"立田野茶寮"在之前的章节中也进
行了介绍，图 5 为它的暖帘和幡旗的设计，使用了再设计的标准字，我们仅把竖版
标志做成了长体（纵向伸长的文字），这样便会使它微妙地变得协调。

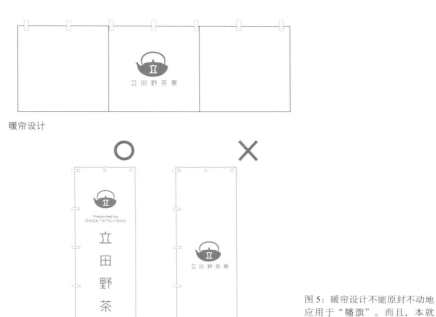

暖帘设计

幡旗设计

图 5：暖帘设计不能原封不动地应用于"幡旗"。而且，本就不应在媒介出现的阶段才思考竖版设计，而是应当在初次的标志设计提案中或设计指导方针的初期阶段定义好

原本暖帘的意义更倾向于品牌工具。它象征着品牌，挂在店里即可。腰封的作用就是 space jack（支配该空间的印象）。幡旗的宣传作用更倾向于促销。必须比周边事物更加显眼，能借助风力进入他人视线，必须利用清晰易辨的大文字、大图案传达想要传达的信息（店铺名称、促销内容等）。从这层意义上来说，暖帘是被允许有留白之美的工具，而幡旗的留白之美却不被看好。如果是字母标志则需要进行90° 的旋转；如果是日语标志，则需要"事先准备好竖版标志"。

如果在这些媒体工具出现之后再准备竖版标志的话风险就会很大，本来就应该在初次的标志提案或初期的设计指导方针中提前定义好。也就是说，不要事后才思考，而是从一开始就要准备周全。

2 思考适用于各种媒体的标志设计

如何使标志穿梭于各种媒体设备及街头风景中

大家看见暖帘和幡旗便会明白，合适的尺寸十分重要。网站界面就常常重视移动终端、平板电脑的尺寸范围。

正如暖帘和幡旗有横竖问题，电脑、智能手机也存在横竖问题。以立田野茶寮为例，按理说，"立田野茶寮"这一标志不仅是引人入胜的文字信息，也能发挥品牌标志的作用。但情况并非如此，我们无法改变排字艺术标志化后的产物，最后只能原样加入，更无法拆开。在这种情况下，我们会对设计进行修改，以便文字继续发挥作用，严重的时候会以象征符号代替。

例如，全球规模最大的连锁酒店有希尔顿集团和喜来登集团。在全世界范围内，对"H""S"符号印象深刻的人想必也不少吧。

同样，在全球不断扩张的"康莱德酒店（conrad）""索菲特酒店（sofitel）""诺富特酒店（novotel）"等连锁酒店的标志设计又如何呢？它们和刚才列举的两大集团不同，并没有彰显象征符号，而是把酒店名称的标准字作为一个整体去营造奢华感。喜欢字体格调高雅的人就很喜欢这样的标志设计（对此感兴趣的读者请利用网上的图片搜索浏览一下）。

饮食服务、酒店、航空公司、银行，它们更多地存在于现实世界中，而不是出现在媒体上。如果你想要引人注目，那么象征符号就尤为重要。如果你重视体验打造的印象，就应当选择字体排印精美的标志。

并不是非得二者择其一，有的标志两者都能实现。"东京皇宫酒店（Palace Hotel Tokyo）"的王冠标记就非常简单、高雅，标准字的设计充满了奢华感。你对那奢华的印象、品牌的词首字母有没有铭刻于心呢？为此，我们该事先制定好什么样的指导方针呢？应该从品牌的整体统一考虑这些问题。

品牌信息和界面上的设计指导方针

在刚才笔者列举的案例可以看出，没有用设计指导方针决定标志位置的品牌占多数。但是，在智能手机或平板电脑的设计中有更为重要的事情，那就是标志的"视觉识别性"。许多时候，把电脑（PC）使用的标志原样缩小后就会变形、难以看清。为了避免这种情况，我们需要给个人电脑和智能手机事先设定好不同的指导方针。

大家可以浏览一下蓝瓶咖啡馆的网站。在电脑上会显示出蓝色瓶子的象征符号和标准字，而手机中却只显示蓝色瓶子，也就是说只有象征符号。

以前在利用电脑浏览网站时，我们会思考如何把信息量塞到被称作"F 型"或"3 专栏型"的界面设计的第一屏上呢？但现在这样的时代已经宣告终结，企业标志也无须配置在左端。

越来越多的企业把标志显示在网页媒体的中心，这是因为该标志属于功能性设计。本书推行的未来创造型的指导方针是能够创造出更自由的设计的机制，是充满无限可能的资产。

根据企业、地域品牌化等目的制定不同的设计指导方针

现如今信息量庞大，而且大家都重视传播速度，因此和刚才介绍的使用了响应式设计的网页一样，识别设计也以信息的可访问性，即信息传播速度为优先。在设

计传达的信息中，首先是它们整体持有的印象、调性，其次是易于传播的功能性内容。

多数重视识别设计的想法，或视觉识别（VI）中的设计指导方针，以下列几点为主（指导方针会根据经营规模、项目种类而改变。请参照第 5 章）。

- 象征符号或标准字
- 主字体或主标准字（承担品牌形象的字体）
- 主色（承担品牌形象的色彩、调色盘）
- 锁定（组合方式的基准和规则）

其中，尤以标志、字体、色彩的影响力最大（把它们当作识别设计的三大要素）。

也许你听不惯品牌标志的可访问性这种说法，如果说成易辨性、易用性的话，是不是就能瞬间理解了呢？表述为"禁止、否定"的设计指导方针，有时会阻碍设计的可访问性。

上一节也曾提及，如果品牌拥有象征符号和标志，那么把小的标准字硬塞入小画面里是无意义的，因为在界面设计易用性上要考虑到用户操作的动线。从标志的易辨性、印象深刻性这些指标来说，仅使用了象征符号的标志，其视觉冲击力自不必说，视觉识别性也很强。

但大手提袋的品牌标志就另当别论了。如果购物袋标志的布局方式令人感到不舒服，人们就不喜欢拿它。购物袋的设计是否简练十分重要，有时设计的目标就是让顾客把购物袋当作"个人的所有物"，单手随意地拎着。三越的新购物袋使用的图形设计灵感就很好，标志也不显眼。

也可以只在品牌创立时期强调象征符号，重视视觉冲击力。如果想利用市场定位、价格等条件来谋求品牌的高级感，建议组合使用标准字与象征符号。并不是说能让大家看见即可，重要的是如何让大家看见。

图 6 摘自于 2012 年施行的公共财团法人 JKA 摩托车赛的设计指导方针，是对

品牌字体的西文字符记述的节选。

　　为了能联系到品牌形象，摩托车赛主办方把高雅的衬线字体（Palatino）设定为主字体，竞技场内的标志等猜读性、视觉识别性重要的部分则被设定为无衬线体的 Helvetica。

　　另外，作为地域品牌的对策，山口县防府市就通过设计指导方针把"防府花燃大河剧馆"和"防府市标"联系了起来。虽然电视剧放映期只有一年左右，但市观光事业必须持续发展。在本项目中，防府市把这些当作可持续的城市设计项目中的"设计要素"，而不是防府花燃大河剧馆独有的单一促销，最后制定了以防府市的主色——粉色（来源于防府天满宫的梅花、防府地区的方言"幸福"）为主轴的指导方针（图7）。独特且获得好评的是，粉色还被应用在了国道的防府市问候语标志上。

　　对商业设施"Rursus"的改善提案进行了设计研究（设计思维的实地调查和研讨会），更新了"防府市观

Helvetica Neue

Regular

1234567890ABCDEFGHIJKLM

Italic

1234567890ABCDEFGHIJKLM

Bold

1234567890ABCDEFGHIJKLM

Bold Italic

1234567890ABCDEFGHIJKLM

Helvetica Neue (Sample Text)

FUNABASHI　　**HAMAMATSU**
KAWAGUCHI　　**IIZUKA**
ISESAKI　　**SANYO**

**Information　News Release　Contact
Access map　Cafe　Event Schedule**

Palatino Linotype

Regular

1234567890ABCDEFGHIJKLM

Italic

1234567890ABCDEFGHIJKLM

Bold

1234567890ABCDEFGHIJKLM

Bold Italic

1234567890ABCDEFGHIJKLM

Palatino Linotype (Sample Text)

FUNABASHI　　HAMAMATSU
KAWAGUCHI　　IIZUKA
ISESAKI　　SANYO

Information　News Release　Contact
Access map　Cafe　Event Schedule

图 6：摘自于 2012 年施行的公共财团法人 JKA 摩托车赛的设计指导方针，是对品牌字体的西文字符记述的节选

117

图 7：被公开的"防府幸福品牌设计指导方针"和该市的问候语标志。
如果有指导方针，就能保持设计的统一性，如活动名称、暖帘、数字
标牌等，可以进行各种拓展
URL：http://design.hofu.io

光协会"的网站之后，紧接着制定了有关"防府市标"的字体、主色等的设计指导方针，至此"防府幸福品牌的设计指导方针"已经成形，然后向世人公开。在风格指南中，除了纸质材料、网站，为了便于在装饰店面的暖帘及新活动中拓展使用标题标志，显示字体也被追加为"图形要素（品牌字体）"。

"防府市观光协会"的网站更新的所有主设计模板都能应对被扩大规模的数码设备（数字标牌等）及多语言化。除了施行语境优先、智能手机对策，对于调性不同的民间团体，如防府市商工会议所，网站更新也提供了可拓展形式。据笔者所知，在制定了"设计指导方针"、采用了主字体的地方行政或地域品牌的研究中，防府市的成果遥遥领先。

请大家回想一下，在智能设备显示器中的视觉识别性部分介绍过的蓝瓶咖啡馆。还有绝不允许追随过去的竞争对手的、活跃于全球市场的苹果公司。它们标志的共同点并不是标准字，而是都突出了象征符号。如果品牌具有突出的象征符号，适用的指导方针就是有效利用留白，把周围空间彻底简化。

麦当劳的象征符号"M"就是一个典型。它色彩绚丽，样式时尚，不仅促进了品牌认知，也扩大了销售。在此处测试一下字体在设计指导方针上的重要性。

图 8、图 9 使用了两种字体进行模拟。请回想一下街头常见的店铺广告牌。你对它们有什么印象呢？

之前列举的 JKA 摩托车赛的品牌重塑的目标是"新形象要简洁高雅"。更新后的印象已经明确固定，并且依赖于字体的设计品质。换言之，把字体当作投资时，只要选择优秀的设计，便能稳妥地得到回报。

也就是说，通过极其精细的操作，在不改变字体印象的基础上保持平衡，进行设计，或完全依赖于高级、高雅字体的印象，尽可能少地改变细节并统一整理。

TRAJAN PRO

MCDONALD'S

Palatino Linotype

McDonald's

图 8：利用高雅的字体进行的标志模拟

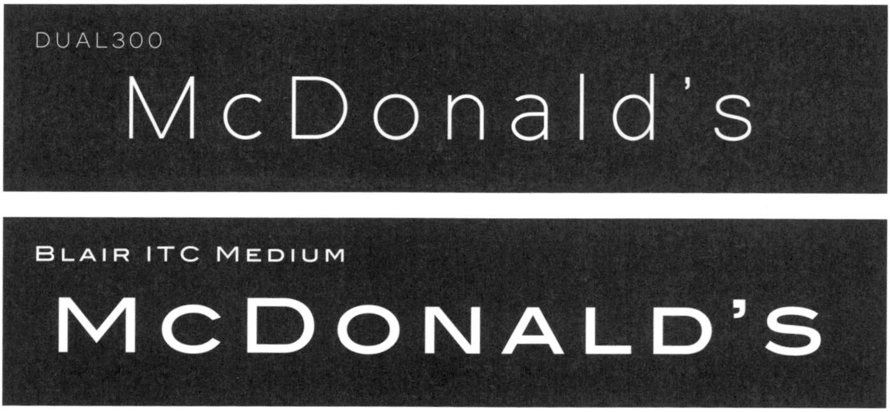

DUAL300

McDonald's

BLAIR ITC MEDIUM

MCDONALD'S

图 9：利用设计字体进行的标志模拟

提升档次的设计指导方针的基础，便是一贯地维持优雅的平衡和世界观。以居中还是左对齐为例，居中则更显优雅。如果加入装饰线或照片，就选择左右对称，匀称的布局会给人井然有序的感觉。演绎出动态自由的形象其实非常简单，只需斜着交叉文字、打乱文本，增加使用色数、打乱秩序即可。

大家普遍认为，只有讲究细节、认真完成理所应当的工作之后，才能创作出档次感高的设计。珠宝饰品及名牌产品这些需要高档次设计的奢侈品，应当采用哪一种风格的设计呢？实际上根本没必要去思考这个问题。

3 在设计中控制物与空间给人的印象

商品包装和店铺设计的密切关系

在第 1 章介绍的笹屋皆川点心店就拥有所谓的设计系统，即投资小，但可以持续发展、见效快的系统。正因为拥有明确的品牌设计的中心轴（设计的强大基因），所以在充满了自由的同时也不失秩序。

你有没有见过这样的现象呢？细碎、不得要领的创意永远形不成一个整体。小能否兼大暂且不说，重新定义品牌的中心轴、重新进行商品包装，这种想法也可以拓展到空间设计，即店铺的设计中。

在此处我们必须事先确认一个定义要点，即何为品牌的 DNA（图 10）。

标志的设计不过是由平面图形构成的事物，但在人类发展的历史长河中，也有许多人已经感知到这些识别设计给人类心理带来了多大影响。

例如，王室的徽章、贵族的家徽，只需显露一下，便能撼动人心，给人带来深刻的感悟。因为"徽"是他们权力的象征，与城紧密相连。你的品牌标记也许和王室徽章不同，但标志的颜色、形状、符号、字体具有意义，它们可以使你的城即"店铺""网站"得到发展。与身份相称的空间也与这些要素密切相关。

笹屋皆川点心店的品牌根基是会津街道沿边的华美文化，是曾作为贡品的"仓村包子"。在标志中，河流直流而下，小竹子相互倚靠，营造出了丰富的创造性和个性。这些象征符号的由来不仅能用作外包装，也可以用作店铺、空间的设计理念。

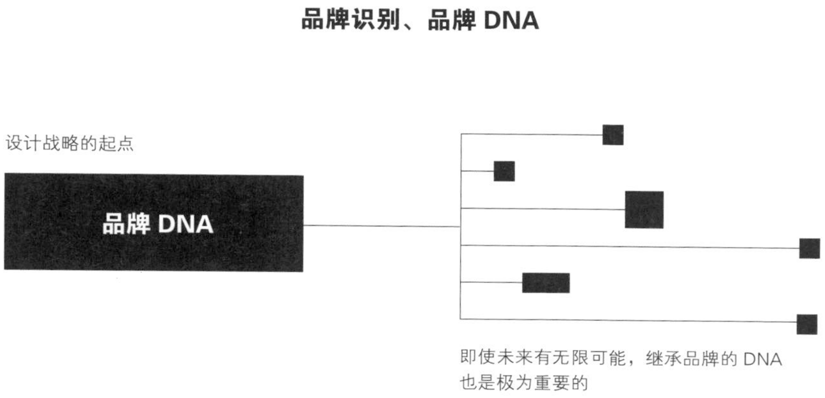

品牌识别、品牌 DNA

设计战略的起点

品牌 DNA

即使未来有无限可能，继承品牌的 DNA
也是极为重要的

图 10：设计战略的起点是指定义品牌的 DNA

即便设计一根柱子或一张桌子，也要符合老店特有的严谨性，即最迷你的设计也要与老店相称。寓意着店主爽朗性格的小竹子图形虽然被用于包装纸设计，但用作包袱皮、手巾也能让人感受到自由轻松。

两个不同要素的组合可以进行多种形式的拓展，即使出现了新产品，也一定能与其相称。例如，摆放着新产品的日式咖啡馆的设计，很容易从这个象征符号开始创造并拓展调性。识别设计的基因强大意味着它就像一条生命线，能把不同领域连接起来。

设计体验的色彩管理

图 11 是金子牧场的商品集合，金子牧场离笹屋皆川点心店很近，在会津下乡地区无人不晓。第 3 章曾介绍了它的三个品牌色彩，其中的大片留白会使人联想到从牧场精心培育的泽西种乳牛身上挤出的鲜奶。剪影中的人物是牧场主金子先生，他与小牛犊紧靠在一起的生活状态被做成了品牌标志。

图11：金子牧场使用了品牌色彩和标志的商品集合。有色数限制并且拥有可以表现世界观的"调色盘"，品牌形象便容易确定

实际到访金子牧场后，令人感到惊讶的是，那些在广阔的草地上幸福地生活着的小牛犊们一看到金子先生就会一窝蜂地跑过去。品牌色彩选择了牧草、泽西种乳牛、牛奶等"实际存在的颜色"，这不仅可以提升业主的品牌影响力，也可以唤醒体验过牧场的人们的记忆。金子牧场在导入新标志后，销售额顺利提高，媒体曝光、参加活动的机会也越来越多，设备不断增设，事业拓展如火如荼。

该案例明确表明，色数的限制更易于创造"世界观"。或许有人会觉得限制色数很难。总之，持有品牌的调色盘容易确定品牌形象。

《slide: ology 广告策划方案·视觉的革新》（『slide:ology プレゼンテーの革新』，ナンシー・デュアルテ著，2014 年，ビー・エヌ・エヌ新社刊）在日本也

图 12：图片是笔者旅途真实所拍。可以看出
在蓝天碧海、强烈日光的映衬下，橘色、蓝色、
白色的配色组合十分清爽，而且给人强烈的
视觉冲击，彰显了存在感

引起了强烈反响。作者是广告策划方案中文件设计、用户体验设计方面的专家。在
这本书里，作者把有限的色彩组合拥有的效果记述为"容易抓住形象的配色"。提
到色数限定的组合，印象最深的就是海外知名的 31 冰淇淋（芭斯罗缤）。31 冰淇淋、
Tully's Coffee，以及冲绳的冰淇淋品牌 BLUESEAL，都很有特点。

　　金子牧场的配色给人平稳温和的印象，BLUESEAL 的配色则不同，色彩浓烈的
颜色搭配似乎能使人感受到耀眼的阳光（图 12）。

　　如果这些配色不是来源于"场地""品牌定位"，那又会如何呢？颜色是传
达临场感的工具，也是共享体验的信息。但是许多人不会注意彩度、明度、色号
等。他们会被品牌表现的印象、世界观，即调性打动。快乐、悲伤、新或旧、新
颖、品相差等，即便没有清楚地用语言表达出来，也能从色彩中感受到。通过色

彩战略（通过色数限制和有根源的配色形成世界观），可以更加鲜明地传递品牌信息。

如何使印象的统一性和独创性共存

不过，仅具备统一印象的设计形式会成为过去的资产，正如之前所述，我们需要一个适合每个局面、每个媒体、每个场合的新奇的品牌标志。但是，运用自由的创新力真能达到品质管理和印象的统一吗？实际上，比起布局、素材感，最具冲击力、最容易体现世界观的就是色彩管理。

近年来，也许是受到了第三波咖啡浪潮的影响，西雅图咖啡的品牌代表——星巴克，也把部分店铺的内部装饰转化成时髦风格，以引人注目。

新奇、独特性是什么？对于这个问题，使媒体活跃的潮流引领者会意气风发地讲述现在的潮流趋势。跟在他们后面追赶潮流不一定是坏事。

不为流行所左右，或者即使赶上了流行浪潮，但为了增添品牌的意义，品牌设计的管理者对于何为"新意"和"新颖"这个问题，也应该这么回答："新颖是充满勇气的锤炼，它打破了固定概念，打开了蔓延的潮流趋势。"

4　避免品牌设计被周围埋没

何为不会被周围环境埋没的品牌设计？

室外广告、引导牌的"品牌的统一感"是什么？此处需要特别注意的是，人们常常把统一感与"一律""一个模式"混淆。统一感并不是一律做同样的事情，而是在各种境况或表现中保有"一贯性"。

关于一贯性的战略性，如之前所述，只要保有一贯性，就能思考出适应周边环境的表现手法。设计师尽量亲自去现场实地考察一下。品牌持有者应当给予设计师更多的相关信息、资料，以及实地考察的机会。

制定品牌设计的规格形式不仅能提高效率，也有助于缩短工作时间。那么利用设计指导方针实现所谓的设计自动化，或者通过机器人或人工智能来设计使自动化设计达到量产，这便是我们期待的吗？对于品牌来说，这是一个理想的选择吗？

答案是否定的。利用设计指导方针的确能够尽快完成富于创造力的设计。但为了最大限度地突出设计的视觉效果，更重要的是，我们能够根据环境来思考，具备精准的调整技能（它们正是专业和业余的区别、人工智能和广告创作者的区别）。普通的广告媒体，如杂志广告，与网站横幅广告的设计有着微妙的不同，室外广告、交通标志等也需要独特的技巧，列举如下。

• 拥挤的人群中（图 13）：挑选出不稳定、杂乱事物的要素 → 补色或注意反差对比

• 高速公路沿边的广告牌（图 14）：缩小信息范围

• 友好于自然 / 环境（图 15）：注意和周围的环境相协调

彩度比（小）：与环境融为一体，被埋没　　　　　　　彩度比（大）：清晰醒目

图 13：把握"周边环境"，提高视觉识别性和关注度（熙熙攘攘的人群中）

信息量（多）：难以掌握重要的信息　　　　　　　　信息量（少）：清晰醒目

图 14：把握"周边环境"，提高视觉识别性和关注度（高速公路）

和周围不协调：难以对信息产生好感　　　　　　　　和周围协调：容易对信息产生共鸣

图 15：把握"周边环境"，提高好感度、引起共鸣（自然环境）

某位有名的设计师在 SNS 社交网站写道："设计不需要调查。"这主要与统计相关，但一旦涉及研究就必须调查。亲自到访当地，感受现场的氛围，设计的目标就会变得十分简单。也就是说，流通过程中的"存在感"十分重要，为了持续发展必须制定"战略"。光线差的地下街的广告可以比想象中再花哨点，如果从大厅正面便能看见灯箱广告牌，简单的设计的视觉识别性更好，因此必须观察现场。

高效的关键在于指导方针，而决定视觉战略的唯一线索只存在于现场。

在室外广告中，除了产品一般还会选用明星艺人，但我不推荐把该手法应用到识别设计中。我希望大家经常对产品本身、产品标志、品牌信息、影响较短的醒目广告等进行系列化，或者在统一风格的同时持续拓展。除此之外，还应当注意的地方会在下面的章节中提及。

重新定位设计和特征（如何在展览会的设计上彰显自己）

在熙熙攘攘的人群中，或者在周边环境不是设计产品、广告的情况下，不需要把"视觉战略"想得那么难。我们只需准备好能与"背景""环境"形成强烈反差、能映衬"主角"的事物即可。

如果是商品展览会或新品发布会，那么我们就需要给该法则加入点小技巧。究其原因，是因为参展者除了自己还有竞争对手、不同行业的其他公司，这是一个相当庞大的群体。而且许多参展者会通过华丽的装饰、礼仪小姐、视频动画、宣传活动等各种方法来迫切地"突出自己"，"传递信息"。

在这种繁杂的状况下，各种信息已经处于饱和状态，即处于过剩状态。你是否有过这样的经历呢？机械系列、食品系列、网络系列、文具系列、保健系列……参观了各种展览会之后，手里面拿满了各类传单，但脑子里什么也没记住。

我发现一种现象，想方设法也要吸引人注意的努力在化为形体、颜色，形成世界观之后，会在不知不觉中使整个业界变得相似。也就是说，在机械系列的展览会上，大家为了彰显自己，往往会采取几乎完全相同的展示方法，结果导致每个展位给人的印象几乎一样。网络系列、保健系列同样如此。不可思议的是，整个业界的调性也在不知不觉中朝那个类似的方向发展。

希望大家回想起前面提到的"不会被周围埋没的识别设计"。如果你能想象出机械系列展览会的杂乱感，或者如果有去年的展览会资料，只要从中脱离出来做设计即可。保健系列、网络系列也一样。如果会场里摆的全是机械的说明图片、图表，你只需简单地呈现出品牌标志和产品即可。也就是说，只要努力让自己不被业界的相似性埋没即可。

就网络系列的展览会来说，刚刚还在追求科技的图形，突然就变成了平面设计，不久之后手绘插画、手绘字体又大为流行，可谓变化迅速。就像通过人气博主的好评博文了解"今年的网页趋势"和"马上过时的设计趋势"一样，有时只是时机不同，实质其实一样。

如果自身的身份识别性较弱，没有自己的品牌信息，只能不断追随他人的趋势预想，那么在加入潮流的瞬间就会落后于流行趋势。在无法掌控的世界里，会接到心仪的商务报价吗？会奇迹般地邂逅合作一生的伙伴吗？

提到解决方法，笔者建议首先摆脱业界相似性。如果"大家都那样做"，就应该反其道而行之。如果大多数人都使用粗粗的 mincho（明朝）体，你就用细细的 gothic 体；如果大家都使用黑白、硬朗的图片，你就使用彩色图片，以营造出柔和温馨的氛围；如果大家都使用高科技灯箱广告牌来建造炫目的展览厅，你就建造简约迷你的茶室般的空间即可。然后，毫不犹豫地把你的"品牌标志"放在大家视线最集中的地方。

事先定好迷失后可以返回的起点

有各种设计计划和原型样品，这样虽然不错，但有时会让人迷失方向。A 方案挺好，B 方案也不错，但把 A、B 方案的优点组合到一起却让人无法理解，这种事情经常发生。这是因为没有定好最初的方向（请参照 156 页），即由于方向判断失误而引起。

我在作品《畅销设计的策略》中也曾详细提及，事先制定好设计的起点、终点概念，便能解决该问题。设计一定有开头（起点），也一定有终点（目的）。不清楚前进方向的多数设计是因为开头的定义较弱，且没有设定终点。和旅途、人生一样，顺道去别的地方，偶尔停下脚步回头看看是没有问题的，但必须有一个绝对的大方向。

制作设计指导方针也一样。开创新品牌时，同样的方法论也适用。终点不是某一个位置或某个点，显示出"这里明显错误"的方向性很重要（图 16）。

有的人听不惯把方向性称为终点。那么，把它看作设计的目的、新品牌的职责或新公司的使命如何？

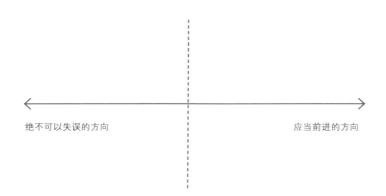

图 16：决定设计战略的"方向性"（选自于《畅销设计的策略》）

总之，决定一个设计的可以说是那些含糊的、让人感觉压抑的与会议记录恰恰相反的工作。你应当果断地决定应选择什么，删去什么，这些决定会变成形状或概念，产生新的意义。为了赋予设计新意义，我们需要充分了解重生之前的设计，即现状。重生的意义并不是变成别人，而是发现永久不变的价值，面对新市场进行重新定义。

5　商品广告的基础和守护品牌识别的促销创意

商品广告和品牌识别

管理品牌的设计是否应该像广告一样，成为解说型的设计呢？基本来说，广告是给路人看的东西，不用考虑十年前的情况。人们能从中感知那个时代的氛围，进而关注它。即便是对产品或品牌不感兴趣的人，具有冲击力的广告词、视觉，也会在他们的头脑里制造"？"，引起他们注意。也有人认为如今社交媒体、网络已经普及，卖家想要销售的信息早已无法传递给买家了。从很早以前人们就开始说"广告不起作用了"。

但广告不会消失。2015 年 5 月，我第一次到访迪拜市区，那里高楼林立，旁边还在不断地建造高楼，上面随处可见的广告牌璀璨夺目。"用 iPhone6 拍照"的广告牌就是其一。你会看到很多风景图片，但鲜有人能记住所有的风景场面、色调。品牌的产品名称几乎全由标志构成，再把它们加到醒目的广告里，这样品牌必将被人铭记。在这种促销方式中，苹果公司利用品牌标志等身份识别在传达信息的同时，证明了新产品的功能，打造了一个成功的广告。

在电车里看见印刷广告或室外广告时，"明星艺人"要比"品牌"更显眼。人气明星手持该产品对你微笑，这时候印在我们脑海里的是醒目的广告词，还是品牌的标志呢？我们记住的恐怕只有明星的笑脸吧。

品牌负责人、设计总监必须注意的是，它们虽然是保持关注度的广告，但是为了让品牌持续留存在人们记忆里，必须利用一些线索把它们衍生成标志和身份识别。

原生广告和品牌新闻学

之前所述的案例是被称为"纯广告"的旧事物。最近新型广告备受瞩目。"原生广告"和以往的广告代理商、广告制作公司承包制作的明星 CM 不同，它更加贴近广告主。拿 SNS 来说，原生广告并不是显示在侧边的"横幅广告"（不由自主地想把它关掉），而是由实事组成的故事内容，让人情不自禁地想点"赞"。

品牌新闻学也比较贴近读者心中的意象。广告就是让人们阅读很有趣的记事，赞同记者敏锐的洞察力，情不自禁地想要分享。也可能人们到最后都没有发现哪部分是广告。如果负责公关的公司相当诚实，在记事开头就写上"公关"，那么读者也许会注意到，"噢，这篇报道是付费媒体写的"。标志、识别设计在此处还是很重要的。即便读者认为"内容不错"，但如果标志、品牌弱的话，也不会给读者留下任何印象。

引起话题的多数广告都要归功于广告创作者。如有话题技术、崭新的创造力，也许会被媒体隆重推荐。但前面的广告规则同样适用。在使用素材方面，如果你打算委托模特事务所、明星事务所进行选角试镜试演，还是趁早打消这种念头比较好。就像品牌的产品广告的中心图案是产品自身或标志的身份识别一样，应当选派的是自己人、"内部人员"，难道不是吗？

在前文中曾介绍过金子牧场的原生广告，金子先生的登场使其成为一个完美的品牌广告。只邀请了人气明星、模特、演员的广告难以传达品牌信息，也许会成为以公关、促销为主体的广告，成为"话题广告"，但过一段时间后，人们就难以想起该"品牌"。

培育、守护品牌识别的灯光和角度

请确认一下广告图片和非广告图片较大的不同之处。当笔者还在某家公司当设计师的时候，广告图片通常要由专业的广告摄影师拍摄。当时经常使用的东京都内的摄影棚有代官山摄影棚、六本木摄影棚、109 摄影棚、赤坂摄影棚……数不胜数。道具师、造型师等都会参与摄影，预算相应地变高也是理所当然的。

听说专业摄影师的工作机会会随着摄影技术、数字加工的快速发展而减少。越来越多的企业也认为让公司里"稍微擅长拍摄的人"来拍摄就足够了。

最近不仅有高性能相机，还出现了 GoPro 等适用于活动场景的特殊性能的相机，此外 iPhone6 等虽然是智能手机，但也在极力提高拍照的性能，用它拍出的照片也能用于渲染广告的主视觉。即便图片不是由广告专业摄影师拍摄的，企业也会把那些图片应用到广告中，这样的案例将越来越多，甚至呈现出崇尚这种做法的趋势。

广告图片的最大特点并不是"碰巧拍得很好"，而是"努力拍出最好的"。"能够拍出想要的形象"很重要。有宣传效果，产品功能令人期待，还有拍摄目的，再添加上图片，这也可以算是广告图片。

图库（Stock Photo）的优点在于能够廉价、迅速地获得想要的图片。不过如果错一步，就只会涌出大量的、没有一贯性的零碎形象。在拍广告图片时，即使有多名摄影师，只要有艺术总监在，或者品牌有自己的风格，广告图片就不难保持一贯性。

和网页、IT 业界一样，时尚界、服装业必须追随急速变化的流行趋势。其中最后获得胜利的是保有品牌"本色"，不为潮流趋势所左右的品牌。有时本色就是像"手袋"（Icon Bag）一样的经典产品；有时它又是装饰网站首页的图片风格。

得不到设计助力的多数经营者，以及那些不想培育强势品牌、只沉迷于一时的销售额的营销负责人，都忽略了光与影的本质。这并不是说明亮就好或黑暗就好，也没有那么简单。他们的讨论层次没有达到一定的级别，诸如自己的产品应选择何种灯光？以何种姿态展现较好？即使处于相同的光影中，但如果旋转至阴影一侧，世界也会瞬间改变，阴影一侧也会成为阳光普照的世界，即逆光。

随着社交媒体的发展和智能手机的普及，大家都逐渐变成了广告摄影师。店铺一开门就有人排队，很快滴滤咖啡的照片被上传到 SNS 上。作为假日早餐的酒店法式吐司，也会被上传到 SNS 上。那么，你店铺里的灯光是否做出了改变，变得"让大家喜欢拍照"呢？

照明的原理之一就是光线越强，影子越浓。受到强光照射后，一般就会出现较深的暗影。反过来，光线旋转的话（光线弱时难以形成一片，此处认为，强＝硬，柔弱＝旋转），暗影就弱。如果是自然光的话，在阴天光线会发蓝，在夕阳下会发红。

春去夏来，我在 SNS 上看到了某家咖啡馆的许多图片。柔和的阳光透过洁净的窗户射入咖啡馆内，让人感到舒适惬意。它就是蓝瓶咖啡馆的图片。当我打算把杯子的标志加在图片中时，发现这样会使视角下降；而视角一旦降低，构图就会变得像小矮人仰视巨人一样。

咖啡滴滤的场景也一样。手提着壶注入开水，我们会看见开水透过滤纸滴下来，这就是所谓的"我们眼中的世界"。全球随处可见的"普通写真"风格的广告图片（宣传图片）又如何呢？那是精彩的品牌标志的大汇总。在这个时代，品牌负责人、设计总监不可以只致力于广告摄影。要对如何吸引大家"拍摄自己的品牌有指导方针"，在实际中要怎样做才能让人想拍照，又如何让大家共享拍到的图片呢？想要达到这一步，你必须拥有一个完美的剧本。此阶段如果没有战略，就会陷入危机状态。

把调性应用到品牌重塑的战略中

对于广告来说，瞬间性不再像以往那么重要，因为全家人在周六晚上 8 点聚在一起并不是为了观看广告。可以说，现在是动态的、可扩展的识别设计系统逐渐发挥力量的时代。宣传虽然是不连续的，但也要具备持续性。

关于"品牌本色"="调性"，我在以前的作品中也曾再三强调。何为对方视角下的"事物本色"？答案是对方期待的"作为价值的呈现方式"的调性。它们是宣传战略的最高级别，不擅长说话的你即使不去特意说明什么，氛围也会替我们传达信息。

因此，如果你搞错了品牌的"调性"，或者你没有注意到本色，在这样的状态下仍旧进行宣传活动，就很危险，甚至连品牌的开发、维护和拓展都不可能实行。我还想为那些意识到了"调性"，却把"本色"的调性埋没于"业界相似性"的人们敲响警钟。

关于品牌的"调性"，之前讲述了它的重要性和获得地位的战略性。《畅销设计的策略》一书已经发售了很长时间了，但直至今日新读者还在不断增加，是我引以为豪的著作。但许多读者关注的仅仅是"调性"。品牌的生命周期、品牌重塑的战略性调性是什么？实际上这才是我最想让读者有所感悟的部分。

不错，此时此刻最重要的是时间上的战略。调性非瞬间事物，在较长时期内，我们要明白应当改变哪些要点（品牌的再定义），要察觉到设计更新的急剧变化，或者缓慢地使调性稳固扎根。然后，检验自己能否在脑海里描绘出它们整体的发展规律。

我和某位企业家合作至今，已经 5 年了，从开创新事业，到方向修正、固定，正好有一个简单易懂的流程。我粗略地总结了时间序列，如下所示。

• 充满希望地开始创业

• 创业之际，经营者受到影响，影响到品牌的调性

• 创业时形成新企业形象的调性

• 商业的扩展阶段和形象相互磨合，第一次更换调性

- 使调性成长，使其逐渐接近品牌形象

- 不断扩大商业规模，以新企业或不同阶层的形象为目标，更新设计

- 来自量贩店的询价增加，扩大经营规模

- 使形象回归到主品牌

虽然最初的起点模糊不清，但也要时时注意调性，把它与企业的实态、发展目标、有成长空间的服务等相联结，努力地开发、管理品牌，用 5 年左右的时间使形象固定扎根。该时间序列也算是创业公司的时间轴。从各种经营形态、服务、经营状况来看，应该由各个品牌调控的"形象日历"是实际存在的。我自己也面临着可持续与不可持续两种情况。世界总是处于变化之中。

6　思考显示器上的品牌设计

守护品牌识别的界面设计

现在经常看到招聘用户界面（UI）设计师、用户体验（UX）设计师的信息。随着智能手机的飞速发展，界面设计的功能、趋势也焕然一新，都以"适用于智能手机"为首要条件。

2015 年搜索引擎巨头谷歌采用了某种算法，即作为"移动友好"的搜索结果，给那些没有进行智能手机最优化的网页设计贴上支持移动设备与否的标签，用单页（网站是一页完结的设计形式）做的网站也越来越多。多数单页网站和此前的网站制作流程不同，它们会使那些带有美丽图片和优秀标志的品牌瞬间占据优势，同时把来自搜索引擎的评价据为己有。

由于当时科技尚未发展，在一段时期内人们并不看好品牌和设计的图形化，放大照片的行为并不能代表网站制作顺利。

随着科技的发展，任何人都能轻松地安装以人为本的网站设计（站在使用者的立场来设计网站）。网站设计已经被模板化。

你的品牌如何呢？从免费的素材集市买不到你的品牌的设计指导方针和主视觉，从众筹也得不到可能成为商业合作关系的标志、身份识别，只能由你思考制作，或者你和设计师一块思考创造，这样才会有相应的对策。

如何在简洁的画面中突出品牌的颜色？

笔者选择了银座立田野的抹茶咖啡馆的首页（图 17）作为展示网站形象的范例。图片上只有标志，就是这么简洁。并且安装了所有的网页字体（参照 Web 服务器上的字体文件夹，即便用户没有这种字体，也能显示任意字体的技术、服务）。必须要支持各种设备的浏览，使网站结构简化。毫不夸张地说，象征符号、主视觉已经被鲜明地展现在众人面前了。结构越简单，每个要素就越重要。

另一个范例（图 18）是主品牌"银座立田野"的首页。上面只有豆沙、水果、凉粉的图片、标志和信息，也可称之为"标志海报"。

由笔者负责的项目也一样，利用阶段性的剧本、具备统一感的调性、品牌的规则（设计指导方针）等系统构筑网站。在这样的案例中，实用的落地设计备受青睐。

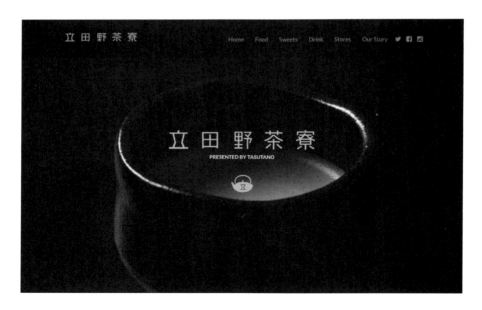

图 17："立田野茶寮"的网站首页

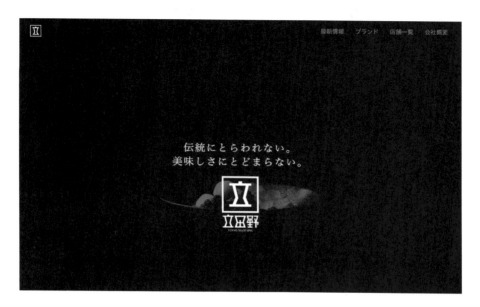

图 18：主品牌"银座立田野"的网站首页

但是，即使事无巨细地写出全部必办事项，有时三周或三个月以后，周边的经营环境就会发生变化。如果没有动态的系统，那么无法与现实匹配的网站将被淘汰。有的网站徒有一大堆网页，却没有传递出真实信息，那是因为这些网站不具备动态设计系统。

把操作和剧本语言化之后再进行可视化

在笔者举办的研讨会上，大家经常让我对"故事"和"剧本"的区别进行解说，如在讨论制作广告策划方案的 PPT 的时候。

许多商务人士会制作文本记录。文本记录大多是按照时间序列进行的，这就像编程中的程序语言和依次计算被记述的命令（程序）。

如果制作广告策划方案的剧本，那么焦点会对准舞台如何、照明如何等问题。与程序语言不同，它不是命令的操作顺序，而是把重点放在对象上进行处理的编程语言方式、对象语言的安装系统。制作剧本本身就是系统思维。

如果剧本的设计接近对象语言的事物，其他应当事先准备好的事项就会变成作用力。在品牌强化的研究中，也把此称作"反作用观察的角色设定法则"。

在发生一些事情的时候，应该如何反应，这是由角色决定的。顾客对品牌的信任感常常来自于"一贯性"；如果不一致的话，顾客就会对品牌产生不信任感。

在制作设计指导方针的过程中，在构筑设计形成的品牌战略时，整体的剧本最好已经大体成形。对于不可预测的未来，要先对操作进行语言化，然后再制定规则。

拿刚才的网站举例来说。剧本应该从用户出发，由引人入胜的故事和视觉组成。使用户在操作时，常常产生新鲜感和惊奇感，或可以顺利地进行下一步的拓展。

7 设计用户的体验价值

设计体验价值的必备条件

前面主要介绍了应用设计的法则、模式，最后我想从"用户的体验价值"的视角，介绍可扩展 & 动态的识别设计系统的重要性。

某一天的清晨，你舒适地醒来，看了一下时间，沏上一杯咖啡，打开电视，优哉游哉地边看晨间节目边上网，观看自己关注的新闻，然后分享。快到时间时，骑着自行车到车站。究竟会有多少品牌出现在这种常见的生活场景中呢？

如果是新产品上市项目，必须让"新产品名"（或品牌名）在普通小册子、网站上更加显眼。必须在新事物上利用新奇性吸引人们关注的同时，在顾客熟悉产品的阶段，有周密的计划、战略。

如果商品只依靠用户的新鲜感，那么在用户熟悉的那一刻，商品便变得一文不值。也就是说，既然加入了体验目标，就必须制作识别设计。在不熟悉、新奇的公关阶段，一瞬间便能形成评价轴。

我们的目标不是会上早间新闻的"令人耳目一新的话题"，而是伴随着对品牌的信赖所产生的真实感、共鸣。

"重生的设计很棒。"

"重生的设计很优雅。"

"重生的设计简单易懂，感觉很不错。"

即加入的这种诚恳温和的感情和绝妙的体验，会长时间地发挥作用。

向各类专家咨询意见

笔者的专业是以平面设计为中心的营销传播。与此专业较为接近的领域有传播领域（规划人员、文案人员等）、营销领域（产品开发、经营战略等）、设计领域（网页设计、产品设计、空间设计）等。在各种专业的基础理论中，有着不可思议的重合，要点也基本一致。其中以下三点较为明显。

1. 原理原则（绝不能违背的真理）

2. 定论（大体会变成这样的预测、法则）

3. 变化（不久之前还是那样，现在却是这样）

如果仅由平面设计领域的专家来评价"识别设计"，话题往往就会围绕"形状"展开。如果由策略顾问来整合意见，话题就始终围绕着和新事业计划是否协调，以及与竞争对手的市场定位等内容展开。如果和空间设计专家协商，话题就是室内装饰、标志的素材、施工方式、照明等店铺装修问题。

我希望大家能注意到，这些都不是对现状好坏的判断，而是面向未来的规划、设计计划。我们来模拟一下对话吧。大体就是如下这种感觉。

• 专家评论

1. 说起来，那家制造商的标志就是○○，因此方向指向○应该没问题。

2. 今后我们要拓展商业，预计会横向展开，因此如果○○的子品牌能朝○○△方向拓展比较好。

3. 在不久之前，××的趋势还很明显，考虑到未来，○○△可能就需要向○○△△转变吧!

业者的评论很多时候都会停留在"适合、不适合""喜欢、讨厌"之类的层次。

• 公司内部的人气投票

很喜欢，很好看。

总感觉有点冷冰冰的。

想看一下其他的方案。

是不是有点晦涩难懂呀？

如果止步于此，别说收集意见了，接下来要做什么都会难以明确。我认为职员评论、员工的人气投票是最不可取的方法。

作为用户进行评论（权衡最终设计的 AB 测试）

既然不推荐在公司内部对设计进行人气投票，那为什么又推荐用户评论呢？你或许感到不可思议。这有点类似于分类，把标志、识别设计当作"标志艺术"，即一瞬间的静止图片，进行评价，或者将其作为"设计系统"进行功能评价。在外观喜恶和长期使用体验的报告中，设计的评价可谓大相径庭。

以开篇的仓村包子制造商"笹屋皆川点心店"为首，我们在"银座立田野"等大量案例中导入了识别设计的试验期。

把设计的正解（即方向性）进行某种程度的缩小，在这个过程中会出现"这个方案也可以，那个方案也不错"的局面。在小的宣传活动、顾客不多的活动上，试验性地引入这种局面。我们把此称作设计最终方案的 AB 测试。缩小设计方案的时候，设计委托人或设计的制作者、制作团队会从 AB 测试中了解之前没有注意到的各种影响。

例如，笹屋皆川点心店的品牌装饰贴有黑白两种式样，利用"全国特产展"等活动对两者进行试用测试，即在同一地点销售黑白两色装饰贴包子。如此一来，用户们的设计评价就会逐渐明朗。销售者，即设计委托人，也能切身感受到同样的评价。

虽然"感觉很高级""有品牌统一感"等感受很重要，但在该案例中，经过测试得到了一个新的指导方针。日式点心就用黑底，西式点心就用白底，以此作区分。黑底高雅奢华，白底优雅明亮。从体验中实际感受哪一种设计方案更好。毋庸置疑，和设计的战略性、计划性一样，试制品、现场测试掌握着迈向成功的钥匙。

一般像这样的尝试，既是直效广告技术，也是营销策略中的一环。也有许多设计被当作艺术。但是，像这样把"不做不知道"的事情事先作为计划纳入品牌和营销战略中，在变化的市场和变化的形势中是十分重要的。

也就是说，把设计当作一种系统（思维），暂且使其脱离艺术性。如果进行试制和测试，它就会变成迈向未来的入口。开辟了通向未来的道路，便可以研究很多隐藏在设计中的艺术性和创新力（在相反的情况下，各种可能性可能会锐减）。

如此一来，甚至根本不需要进行"设计是艺术还是营销"这种毫无结果的讨论。设计是任何人都能使用的迈向未来的希望之桥。

第 5 章　　试着制定迷你的设计指导方针

1 定义身份识别

笹屋皆川点心店完成了标志的制作，但也可以用其定义行动指南、经营方针、品牌创设等。

标志
标志作为设计系统的核心，是最高级别的基本要素，也是品牌的象征。因此，标志的形式在任何场合都要保持同一性，也必须保持一贯性。在使用方面，请遵守本指导方针，不要降低品质。

第 33 页的①核心

2　决定中心图形（要素）

笹屋皆川点心店规定的在品牌名和产品名中使用的字体，也可以定义色彩和图形。

推荐字体（日文/汉字、假名、片假名）
推荐外包装、包装材料等由笹屋皆川寄送的包装、印刷品使用陆隶字体，并根据不同环境
改变，在难以使用陆隶书体时用隶书代替。

陆隶

陆隶 Std
アイウエオあいうえお愛伊宇営尾
陆隶 101（告示板）
アイウエオあいうえお愛伊宇営尾
陆隶 Std
1234567890ABCDEFGHIJKLM
陆隶 101（告示板）
1234567890ABCDEFGHIJKLM

陆隶

笹屋皆川　創業天保元年

倉村まんじゅう
じゅうねんクッキー
花豆プリン　山塩プリン

第 33 页的②工具

推荐字体（西文／英文数字）

对于英文标准字，以及面向海外发行的宣传物等，由笹屋皆川发送的标志设计中的主要字体，推荐使用 Cachiyuyo。难以使用该字体时，请使用普通的无衬线体或 Helvetica 的英文数字。

CACHIYUYO UNICASE REGULAR

ABCDEFGHIJKLMNOPQRSTUVWXYZ
1234567890
!"#$%&'( )0=~<>/_+×}

CACHIYUYO REGULAR

ABCDEFGHIJKLMNOPQRSTUVWXYZ
1234567890
!"#$%&'( )0=~<>/_+×}

CACHIYUYO UNICASE ⟨SAMPLE TEXT⟩

sasaya
minakawa

品牌色彩

从笹屋皆川的店面到产品，为了使其保持同一性，我们对主色（调色盘）做出了规定。主
色在品牌宣传、提高认知度方面极其重要。可以共同使用主色，但需使所有媒体对此达成
一致认识。我们把它作为笹屋皆川的基本色。

品牌色彩（标志色彩 / 主色）

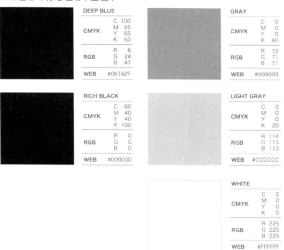

DEEP BLUE		
CMYK	C	100
	M	95
	Y	65
	K	50
RGB	R	6
	G	24
	B	47
WEB	#06182F	

GRAY		
CMYK	C	0
	M	0
	Y	0
	K	40
RGB	R	72
	G	71
	B	71
WEB	#999999	

RICH BLACK		
CMYK	C	60
	M	40
	Y	40
	K	100
RGB	R	0
	G	0
	B	0
WEB	#000000	

LIGHT GRAY		
CMYK	C	0
	M	0
	Y	0
	K	20
RGB	R	114
	G	113
	B	113
WEB	#CCCCCC	

WHITE		
CMYK	C	0
	M	0
	Y	0
	K	0
RGB	R	225
	G	225
	B	225
WEB	#FFFFFF	

3 想象实际使用场景，扩展设计

笹屋皆川点心店完成了品牌卡片、塑料袋的制作，也可以对网页、产品目录等进行扩展设计。

笹屋皆川品牌卡片
品牌卡片的设计采用了标志。在制作卡片时请关注前面表述的配色风格，注意正确传达笹屋皆川品牌的高档形象。

笹屋皆川品牌袋
品牌袋的设计采用了标志。在制作袋子时请关注前面表述的配色风格，注意正确传达笹屋皆川品牌的高档形象。

第 33 页的③应用

4 定义能够统一品牌形象的氛围

除了指定调色盘、字体，还要事先定好基准值，决定所采用的风格。我们为笹屋皆川点心店设想了宣传活动的空间设计，也可以设想网店、制服等的设计。

笹屋皆川品牌的两种配色风格
为了使商品具有视觉冲击力，使其给人的第一印象更加鲜明，我们使用了具有冲击力的品牌线。为了提高品质和顾客对我们的信任感，我们灵活运用了空间留白，为礼品专用包装纸增添了清爽的配色形象。

具有视觉冲击力的品牌线
深蓝 占整体面积的 80% 以上
品牌主色 占整体面积的 20% 以下

80%以上

例

给人清爽感的品牌线
白色空间 占整体面积的 80% 以上
品牌主色 占整体面积的 20% 以下

80%以上

例

第 33 页的④形象

153

重生的设计：可持续的品牌战略

笹屋皆川品牌形象的战略（空间设计）
活动会场、办公场所、学校等地方的空间设计可以根据举办环境、设备、环境，灵活地选择原材料。但笹屋皆川的主色要占整体的 50% 以上，以保持笹屋皆川的品牌形象（采用明亮的色调）。

5　扩展设计识别，开拓新的可能性

笹屋皆川点心店完成了可扩展应用到西式点心、日式点心的多种标志式样，也可以制作辅助调色盘及在原始图形中添加要素的身份识别。

为了正确传达笹屋皆川品牌形象，必须保持笹屋皆川字母组合图案的配色平衡不变。用作包装纸时，横竖方向和基本的使用尺寸可以自由改变。如果在指定的最小尺寸以内，请一定使用下面的"大字母组合图案＋单一颜色"方案。

笹屋皆川品牌形象的拓展设计 1

笹屋皆川品牌形象的拓展设计 2

第 33 页的⑤可扩展的图形

本书重要设计理论和设计术语

1.（视觉）识别系统

简称 VI。它是以企业和服务的象征符号、标识为中心的设计系统。作为识别设计起点的定义，由以下几项组成：组合和发展之际设计系统的原理原则、字体和色彩等工具、运行的案例、禁止事项等。

2. 可扩展的标志设计系统

VI 系统的敏捷开发版，为了实现阶段性的发展、阶段性的设计转换而诞生的"使设计成长"的方法，是不断成长的设计战略。

3. 设计指导方针（设计指南）

灵活运用设计系统的说明书，即指导方针。

4. 调性（在海外广告营销术语中也被称作 tone & voice）

调性指大多数人对品牌持有的共同印象。调性也指氛围、气氛。产品或服务"本色"的一贯性，体验、记忆中"令人印象深刻"的形象；体验本身；把这些感受、体验纳入营销战略中的举措。

5.（设计的）档次和类型

人们对品牌的评价轴。有"好、不好""高级、便宜"等辨别产品好坏的情感，对应地也有"喜欢、讨厌""个性、不个性"等带有个人色彩的情感。通过战略性地控制这些评价轴，可以形成品牌的产品组合，也可以拓展子品牌。

6.（设计的）方向性

方向性指设计方向（创新方向）。根据"应当前进的道路（方向性）""应当采取的战略"，"应急战略和计划战略"对品牌和服务的"绝对正确的方向"进行设计。

7. 决定（设计的）起点和终点。宏观设计，来源于整体构想的设计

通过意义、创意概念、方向性、印象、要素等，从项目的整体面貌、整体构想（而非简短的线性文脉）进行设计开发。

后　记

"宇治老师，之前的布丁卖得很好。"

2016 年 3 月 11 日，为了采访福岛商工会联盟发布会项目，我们偶然来到了会津下乡。对于在东京土生土长的我来说，三月的福岛依旧寒冷刺骨，但从拂过面颊的冷风中我闻到了春天的气息。

笹屋皆川点心店采用了"当地的特色素材"，开始试销以"客户群广泛，不论大人小孩都深深喜爱的高级豆沙布丁"为目标而开发出的新产品。包子老店先精心制作了优质"豆沙"，进而制作了此款日式布丁。尽管是新设计，尽管价格设定得较高，但此款布丁现在深受女高中生的欢迎。最近经当地信息杂志推荐后，布丁甚至供不应求，店主开心地"抱怨"说人手不足。

"我觉得大家极有可能是因为包装精美才购买呢。"

听了商工会负责人的话，我十分开心，一整天都笑眯眯的。以后将是真正意义上的开始。

写这篇后记时，我坐在西行的新干线上，要去见某家食品制造商的经理，我们因设计研修而结缘。他不断迎接新挑战，产品也很优质，但市场却呈现了缩小的趋势。我浏览资料之后发现，产品现在的卖价过于便宜，商品的价值没有正确地传达出来。而价格稍高的话，似乎便会被大家更广泛地接受。这次商谈的内容是"礼品包装设计"的更新。除了包装设计，我还打算向他提议进行与时俱进的品牌重塑及引入设计战略。

我在 2008 年出版的《视觉营销战略：用视觉的力量解决问题》中曾写过："设计是资产，不是消耗品。""1 年 365 天，1 天 24 小时，它是持续发挥作用、时刻陪伴在你身旁的忠实伙伴。"

时势瞬息万变，设计的流行趋势也时常变换。我们难以一直追随那些不断变化的事物。为了创造更美好的未来，我希望你能亲自去选择和获得能够永久发展的设计、能够传承的战略和能够帮助你的强有力的伙伴。

宇治智子

2016 年 5 月

■参考案例与制作者信息

笹屋皆川点心店
Design Firm : Uji Publicity
Art Director : Tomoko Uji
Designer : Akiko Shiratori, Kazuyo Ajisawa

金子牧场
Design Firm : Uji Publicity
Art Director : Tomoko Uji
Designer : Akiko Shiratori

摩托车赛 / 公益财团法人 JKA
Design Firm : Uji Publicity
Art Director : Tomoko Uji
Designer : Akiko Shiratori

福岛美味项目
Design Firm : Uji Publicity
Art Director : Tomoko Uji
Designer : Akiko Shiratori, Kazuyo Ajisawa, Kayoko Isobe, Miku Endo
Web Development : Takashi Wakimura, Masaaki Komori
Asistant Art Director : Hiroya Endo
Photo : Nobuo Iida

银座立田野
http://www.ginza-tatsutano.co.jp/
http://saryo.in/
Design Firm : Uji Publicity
Art Director : Tomoko Uji
Designer : Kazuyo Ajisawa
Web Development & Design : Masaaki Komori
Photo : Nobuo Iida

"幸福品牌"设计指导方针 / 山口县防府市
http://hofu.io/styleguide/
Design Firm : Uji Publicity
Art Director : Tomoko Uji
Web Development & Design: Masaaki Komori
Asistant Art Director : Hiroya Endo, Shu Yamamichi, Shuhei Hiruta

丰岛屋总店
http://www.toshimaya.co.jp/
http://globalstore.toshimaya.co.jp/
Design Firm : Uji Publicity
Art Director : Tomoko Uji
Web Development & Design: Masaaki Komori, Shoko Okano, Shinya Deguchi
Asistant Art Director : Hiroya Endo

■使用图片版权

P.40：©deomis / Shutterstock.com
P.90a：©Lucian Milasan / Shutterstock.com
P.90b：©testing / Shutterstock.com

■参考文献、网站

・书籍
『ユーザーイリュージョン―意識という幻想』(2002年／トール・ノーレットランダーシュ著／紀伊國屋書店刊)
『経済は感情で動く―はじめての行動経済学』(マッテオ・モッテルリーニ著／2008年／紀伊国屋書店刊)
『売れるデザインのしくみ―トーン・アンド・マナーで魅せるブランドデザイン』(2009年／ビー・エヌ・エヌ新社刊)
『デザインセンスを身につける』(2011年／ソフトバンククリエイティブ刊)
『戦略サファリ 第2版―戦略マネジメント・コンプリート・ガイドブック』(ヘンリー・ミンツバーグ、ブルース・アルストランド、ジョセフ・ランペル著／2012年／東洋経済新報社刊)
『流れとかたち―万物のデザインを決める新たな物理法則 』(エイドリアン・ベジャン著／2013年／紀伊國屋書店刊)
『伝わるロゴの基本―トーン・アンド・マナーでつくるブランドデザイン』(2013年／グラフィック社刊)
『問題解決のあたらしい武器になる視覚マーケティング戦略』(2014年／クロスメディア・パブリッシング刊)
『slide:ology [スライドロジー] プレゼンテーション・ビジュアルの革新』(ナンシー・デュアルテ著／2014年／ビー・エヌ・エヌ新社刊)
『ブランド論―無形の差別化を作る20の基本原則』(デービッド・アーカー著／2014年／ダイヤモンド社刊)

・笔者网站
「カラーマネジメントの超基本３原則」:http://ujipub.exblog.jp/22191898
「Buzz Color についてもっと知りたい!?」:http://ujipub.exblog.jp/23044121

・字体设计供应商
FONTPLUS：http://webfont.fontplus.jp/
株式会社モリサワ：http://www.morisawa.co.jp/
MyFonts：http://www.myfonts.com/

・设计指导方针
防府市幸福品牌设计指导方针
http://design.hofu.io
Google：https://www.google.com/design/spec/material-design/introduction.html
BBC GEL：http://www.bbc.co.uk/gel